ADVENTURES
IN
STATIONERY

A Journey Through Your Pencil Case

文具盒里的
时空漫游

［英］詹姆斯·沃德 著
张健 译

JAMES WARD

重庆出版集团 重庆出版社

Adventures In Stationery:A Journey Through Your Pencil Case
Text copyright © 2014 by James Ward
Simplified Chinese Language edition copyright © 2016 By Beijing Alpha Books Co, Inc.
arranged with Profile Books Limited
Through Andrew Nurnberg Associates International Limited
All Rights Reserved.

版贸核渝字（2015）第222号

图书在版编目（CIP）数据

文具盒里的时空漫游 /（英）詹姆斯·沃德著；张健译. -- 重庆：重庆出版社，2016.9

书名原文：Adventures in Stationery: A Journey Through Your Pencil Case

ISBN 978-7-229-11349-0

Ⅰ.①文… Ⅱ.①詹… ②张… Ⅲ.①文具—普及读物 Ⅳ.①TS951-49

中国版本图书馆CIP数据核字（2016）第143900号

文具盒里的时空漫游
WENJUHE LI DE SHIKONG MANYOU

[英]詹姆斯·沃德 著

张　健 译

策　　划：华章同人
出版监制：陈建军
责任编辑：陈　丽
特约编辑：余椹婷
责任印制：杨　宁
封面设计：周伟伟

重庆出版集团
重庆出版社　出版

（重庆市南岸区南滨路162号1幢）

投稿邮箱：bjhztr@vip.163.com
北京中印联印务有限公司
重庆出版集团图书发行有限公司　发行
邮购电话：010-85869375/76/77转810

重庆出版社天猫旗舰店
cqcbs.tmall.com

全国新华书店经销

开本：880mm×1230mm　1/32　印张：9　字数：162千
2016年9月第1版　2016年9月第1次印刷
定价：39.80元

如有印装质量问题，请致电023-61520678

版权所有，侵权必究

目 录

致谢

第一章　缘起：维洛斯1377-旋转文具收纳盒　　1

第二章　关于人的一切，都是笔教我的　　27

第三章　我谈了场恋爱，不过对象是张纸　　67

第四章　千万别招惹铅笔控　　99

第五章　人非圣贤，孰能无过　　123

第六章　带走我吧，我属于你：藏在文具中的小心机　　147

第七章　如果你在就好了：肩负使命的古怪文具们　　159

第八章　要开学了：你缺什么文具？　　175

第九章　我生活中的一抹亮色：荧光笔　　　　195

第十章　我就这么黏上你了：黏胶　　　　　　211

第十一章　冰箱门上的超文本：便利贴　　　　235

第十二章　你会跳槽，但你的订书机不会　　　247

第十三章　知识储藏室：文件分类系统　　　　259

第十四章　文具不死　　　　　　　　　　　　273

致 谢

此书是我的第一部作品。没想到,一堆字变成一本书,工序竟如此繁杂,我有点发懵。由始至终,那么多人为之辛劳,可成书封面却只署我一人姓名,不甚公平。

若非大卫·海厄姆有限公司[1]的安德鲁·戈登(Andrew Gordon)鼎力相助,不断予以支持与鼓励,恐怕根本不会有这本书。我心中实在感激。同时,也要感谢玛丽戈尔德·阿特基(Marigold Atkey)。

感激资料书籍出版社[2]的工作人员费心费力地把我那些零碎文字整理成书,包括丽莎·欧文斯(Lisa Owens)、瑞贝卡·格蕾(Rebecca Grey)、丹尼尔·克鲁(Daniel Crewe)、安娜-玛瑞·菲茨杰拉德(Anna-Marie Fitzgerald)、保罗·弗尔蒂(Paul Forty)和安德鲁·富兰克林(Andrew Franklin)。尤其要感谢萨拉·赫尔(Sara Hull)出色的编辑工作,让我的文

---

1 David Higham Associates。
2 Profile Books:资料书籍出版社,英国一家独立出版社,成立于1996年。

章变得浑然一体。还要感谢文字编辑菲奥纳·斯克林（Fiona Screen）帮我纠正了不少措辞。

这本书意在挖掘文具用品中隐藏的趣味，鉴于此，书本的排版设计十分要紧。再没有比南森·伯顿（Nathan Burton）更合适的封面设计师了，这本书需要的是什么，他了然于胸，给出了一个绝妙的设计。还要感谢资料书籍出版社的皮特·戴尔（Pete Dyer）、米什林·曼尼恩（Micheline Mannion）为全书编加各色图片，添了漂亮的衬页。

写这样一本书，定然少不了书中所提到的那些文具品牌和文具公司的帮助。尤其要感激思笔乐（STABILO）[1]、波士胶（Bostik）、比克（BIC）、喜力克斯（Helix）、3M公司、瑞曼（Ryman）、犀飞利（Sheaffer）以及汉高（Henkel）公司为我提供其公司信息。还要感谢凯凡·阿蒂博瑞（Kevan Atteberry）、杰夫·尼克尔森（Geoff Nicolson）以及斯宾塞·希尔弗（Spence Silver）热心解答我的问题。

另外，感激尼尔（Neal），他开的P&C（Present& Correct）文具店是伦敦最棒的文具店。快去看看吧，现在就去！

我还要感谢伍斯特公园佛乐斯文具店的鲍勃·帕特尔（Bob Patel）及其他员工，是他们让文具成为我一生的挚爱。

要不是埃德·罗斯（Ed Ross）在推特网上创建了"文具俱乐部（stationery club）"这个话题标签，这本书也不太可能诞

---

1 本书中文具品牌名称凡有官方译名皆用官方译名，其余皆为译者音译。——译者注

生。谢谢你，埃德。

最后，我想感谢娜塔西亚·卡弗尔（Natassia Caffer）。无数个周末、无数个深夜，我都埋头扎在纸片堆和便利贴堆里苦查资料，而她始终耐心包容。

（对了，我还得谢谢我老妈，过去这一年里，她几乎逢人就推荐我的书。）

第一章

缘起：维洛斯1377-旋转文具收纳盒

我自幼在萨里郡小镇伍斯特公园长大。小时候，隔段日子，我就去高街[1]上那家"佛乐斯"[2]独立文具店逛逛。我始终对那家店很感兴趣。是，山脚确有一家规模比它大的W.H.史密斯[3]，我也着实花了不少钟头待在那儿看钢笔，但那不一样。佛乐斯更专注于文具，而W.H.史密斯除文具之外，还卖书、杂志、玩具、糖果和录像带之类的东西。相比之下，佛乐斯更专一，它家卖各式各样的曲别针和标签，不像W.H.史密斯店里那些玩意儿。佛乐斯里有大页纸悬挂式文件夹卖，还有其他办公用品，净是些大人用的东西。店里很安静，呆板严肃，有点图书馆的味道。或者说，至少有一半如此，我对那半边没兴趣。另外半边卖贺卡、包装纸，还有些便宜的小礼品。这半边才是我喜欢的，那成架成架的笔深深地吸引着我。我会在这儿待上许久，仔细琢磨它们，看看这个，倒腾倒腾那个，偶尔还买几支回家。

几年前，我回了一趟佛乐斯。它还是我印象中的那个样子，几乎没什么变化，连柜台后面的收银员都还是同一个人。也没什么特别要买的，不过我还是在店里逛了逛，随便看看。在几盒记录卡（希尔维恩[4]，204毫米×127毫米，印有平行线）

---

1 高街：high street，一个城镇的主要商业与零售街道。
2 佛乐斯：Fowlers Stationers。
3 W.H.史密斯：W. H. Smith是大型连锁零售店，出售各种书本、文具、杂志、报纸等商品。
4 希尔维恩：Silvine，一个英国文具品牌，由英国约克郡的辛克莱文具店（Sinclairs Stationers）创立。

后面,我瞄到一个看着甚是破旧的方盒子,长宽约莫6英寸,2英寸高的样子。盒盖上,俗气的粉色底上印着一行白字,"维洛斯1377-旋转文具收纳盒",下面还有一行稍微小些的字,"六格,有盖",旁边印着黑白的实物展示图。我把盒子从后面取了出来。从未听说过"维洛斯"这个牌子,不过瞧瞧那盒子,也就不觉得奇怪了,估计这个文具收纳盒岁数比我还大。看盒子,这大概是上世纪70年代末的东西。盒子上全是灰,应该不少年没人碰过了。它就这么一直卡在架子里头,被人遗忘了。我一定得把它买回去,于是我拿着它去柜台付钱。收银员在盒子上找条形码但没找到——那个年头还没有条形码扫描仪。好在盒子后头有张已经褪色的价格贴纸:5.1英镑(这肯定不是最初的售价吧?是的话也太贵了。价格什么时候被人改过?)。收银员耸了耸肩,往收银机里输了价格,我付钱的时候,他在一个小存货簿上做了记录。

到家后,我很小心地打开盒子,以免把它给弄坏了。盒子里就放着那个1377-旋转文具收纳盒,它完好无损。这也不奇怪,虽然它上了年头,但我买回来时,它实际上还是新的。这个文具收纳盒呈筒状,体积也不大,高抗冲聚苯乙烯材质,顶部有个透明的封盖,透过它能看到六个分格。这个筒状收纳盒被隔成了六格,可以放些杂七杂八的零碎物件。从上往下看,这个收纳盒有些像从中部横切开来的葡萄柚。封盖上有个扇形口,形状大小刚好跟一个分格的开口吻合,扇形口上面还有个小盖子,你可以转动它来打开或者关闭那个扇形口。封盖也可以转,因此,不管你想拿哪个分格里的东西,只要把扇形口对准它,就可以从里面拿出曲别针、图钉或者其他任何你放进去的东西(盒盖上的实物展示图展示的是空文具收纳盒,没有"使用建议"——维洛斯相信其顾客自有创造力)。

我仔仔细细地将我的文具收纳盒填满。现在,第一个分格里满满地躺着67枚曲别针。我不记得这些曲别针是什么时候买的,也不记得是在哪儿买的,光看这些曲别针也看不出什么线索来。我只能说,很抱歉,我没记录清楚。不过,在你批评我太粗心之前,我想说明,我也不过是受了社会环境的影响才会如此。身处所谓的文明社会,我们一直都十分麻木[1]——或者说很自负——以至于我们甚至不愿费心去记录真正发明了曲别针的人是谁。

想到曲别针的时候,你脑中便会立刻出现它熟悉的样子——两端弯曲的双环设计,像用金属丝做出来的长号。但这其实只是众多曲别针中的一种,它叫"宝石牌回形针",这个名字是英国的宝石有限公司取的。这家公司跟曲别针的发展没什么直接关系,但很显然,它的回形针营销做得很出色,所以回形针这个名字才如此深入人心。实际上曲别针还有别的(有人觉得是更好的)种类。为什么我们竟不知道曲别针是

---

[1] 麻木:原文是法文 blasé,意思是"感觉麻木的,感到乏味的,厌倦一切的。"

谁发明的呢？困难之一在于曲别针的种类、设计样式实在繁多，于是冒出了大批的"冒牌货"，声称自己是发明者。各种说法层出不穷，这个谜团也变得越来越复杂。最常见的说法是：曲别针由挪威专利局职员约翰·瓦勒（Johann Vaaler）于1899年发明。他的专利申请（1899年于德国提交申请材料，两年后转至美国）中申请的曲别针是"用一段可弯曲的材料（比如金属丝）拧成矩形、三角形或其他形状的环，且材料尾端与起始端并列但朝向不同方向"。其专利申请描述中提到的个别特征确实跟宝石牌回形针颇为相似，但是"早期办公室博物馆"[1]网站（我最爱的网站）毫不留情地指出："他的设计既不是最早的，也不怎么重要。"

瓦勒生前，人们并不觉得他"可能是曲别针之父"。可他死后，关于他的故事不断演变，人们竟试图将他塑造成挪威的一位民族英雄。当初，纳粹侵占挪威，人们将曲别针佩戴在身上，以示抗议。这实际上跟瓦勒是个挪威人无甚关联（尽管瓦勒最初提交的专利申请确实在20世纪20年代就被发现了，但是过了很久人们才开始相信曲别针是他发明的），但这个事实有个微妙的暗示——曲别针用于装订、约束，这提醒着挪威人要团结一致，抵抗侵略军（"我们是绑定在一起的"）。战后那几年，群众普遍开始相信曲别针是瓦勒发明的，挪威百科全书也收录了这个说法。不久"曲别针象征着反抗"这样的

---

[1] 早期办公室博物馆：Early Office Museum。

故事也广为流传。如此一来，曲别针的地位迅速提升，几乎成了挪威的国家象征。1989年，为了纪念瓦勒，BI 挪威商学院[1]在桑维卡校区立了一个7米高的回形针雕塑（后来挪到了奥斯陆校区）。不过，这个雕塑跟瓦勒专利申请中描述的回形针并不相同——雕塑展示的回形针有所改动（其中一端更加方正）。无独有偶，十年之后，挪威发行了一套纪念瓦勒的邮票，邮票上印在瓦勒旁边的回形针并非瓦勒设计的那种，而是"宝石牌回形针"（尽管邮票背景中还印有他当时的专利申请书）。

跟瓦勒的设计比起来，另一个设计跟"宝石牌回形针"更像，其专利属于马修·斯库利（Matthew Schooley）。1989年，他改良了同时期其他回形针造型，设计了这种"纸夹"。他在专利申请中解释说：

> "我知道，此前已经有人设计了一些回形针，跟我的设计思路大致相同。但是，就我所知，他们设计的回形针全都有部分突出，不能完全与纸面贴合，这一点让人不太满意。"

瓦勒设计的回形针是一个平面回环，而斯库利回形针的

---

[1] BI 挪威商学院：一所得到国际承认的私立大学，位于挪威首都奥斯陆，成立于1943年，其标志BI来自学院原名Bedtifts Konomisk Institute。

回环部分与自身重叠，这样一来，回形针就能与纸面完全贴合，不会有任何突出部分，因而不会被别的东西勾住。此外，斯库利还补充道："这样构造的回形针不会弄皱夹着的纸张。"这确实是一大改进，但这还不是"宝石牌回形针"。

直到1899年，专利文献中才第一次出现类似"宝石牌"回形针的设计。威廉·米德尔布鲁克（William Middlebrook）为其能够自动生产"用来代替图钉、用于装订/固定纸张的回形针"的机器申请专利，专利申请中还附有图片，展示回形针的大致形状与特征。图中所示回形针酷似"宝石牌回形针"，可是这份专利申请只针对机器，图片只是为了解释机器能生产出什么样的回形针。而且，在此机器出现之前十多年，人们就已经知道"宝石牌回形针"了。亨利·波卓斯基教授（Henry Petroski，《利器》[1]的作者）曾引用亚瑟·佩恩（Arthur Penn）1883年所著图书《家庭图书馆》（*The Home Library*）中的一句话来赞美曲别针，称其在用来"装订分类纸张资料、信件或者手稿"时，比别的工具好用。

尽管设计出"宝石牌回形针"的不知名人士在斯库利和瓦勒之前就出现了，但是，还有比那更早的回形针设计。塞缪尔·B. 费伊（Samuel B. Fay）是最受世人认可的"回形针发明者"，不过他发明回形针时根本没想用它来固定纸张——1867年，他设计这个"票夹"是为了把标签或票固定在细薄织

---

[1] 利器：The Evolution of Useful Things。

物上,以取代图钉。在那之前,人们都用图钉戳进细薄织物,但戳出来的小洞多多少少会损坏织物(不过他在专利说明中也提了一句,说这个票夹也可以用来夹纸张)。费伊的设计是"将一段铁丝扭成环,然后将余下的铁丝两端往回掰,直到可以卡进刚才扭成的环中,整体形成一个弹簧扣"。这个设计多少有点像我放在文具收纳盒第二格里的交叉回纹针(Premier-Grip Crossover Clip)。

著名哲学家赫伯特·斯宾塞(Herbert Spencer)在1904年出版的自传中,声称自己在1846年发明了"订书图钉"(Binding Pin)。如今,人们熟知斯宾塞皆因其名句"适者生存",却不知他还是个重要的发明家。他发明这个图钉是为了固定报纸期刊这些"未装订出版物",以便阅读(报纸"从中间打开,把图钉戳进报纸中缝的上端和下端,所有页面都被图钉戳住,也就不会乱了")。斯宾塞跟梅塞尔·阿克曼公司(Messrs Ackermann & Co.)签了协议,允许他们生产这种图钉。第一年,这些图钉卖了70英镑(相当于今天的6150英镑),但此后销量急遽下降。一开始,斯宾塞认为,问题在于阿克曼不懂得怎么卖出更多的图钉("我觉得问题在阿克曼,他不善经商,之后不久就破产自杀了")。不过,斯宾塞后来声明:问题在于民众"疯狂追求"新奇事物,却"完全不懂辨别好坏,结果反而遗弃了好的东西,开始用虽新奇但并不称手的东西:根本不会从整体上考量到底哪个更好。"好了,关于适者生存就说这么多。

在上文所说的这些文具出现之前,人们要固定纸张都用圆柱销。不过,这种固定工具缺陷很多,显而易见。其中一个主要缺陷就是需要戳破纸张。纸是固定在一起了,但是每张上面都多了个洞。这实在是个问题,只要能解决就是一个重大进展。而且,没了尖锐的钉尖,对于手指也安全些。回头想想,回形针——比如费伊设计的那种——明显比这圆柱销好得多。于是你忍不住想问:为什么没人早点发明出回形针呢?不过,这个问题——"为什么没人早点发明出回形针呢?"——忽视了设计过程中的一个根本问题。在当时的社会环境下,圆柱销并没有什么问题。是,圆柱销有问题,可关键是当时除此之外,别无选择,也就没理由抱怨它不好。圆柱销没有非改进不可的理由,就那样挺好的。因此,要改良圆柱销,前提是要改变其社会生存环境。19世纪后期发生了三件事,社会环境因此改变,回形针也就应时而生。

首先,要想回形针能正常运作,必须有带弹性的铁丝。因此,要有回形针,首先要有生产这些铁丝的可靠技术。其次,回形针的生产成本和销售价格一定要低廉到大众能够接受的程度(虽然人们不希望纸被圆柱销戳个洞,但如果回形针太贵不实用,人们也就不那么在意圆柱销的缺陷了)。最后,一定要有迅速发展的官僚机构——这是工业化的副作用,也是前面两点的前提。一定要有新的办公环境和基础设施,才会有大量的纸张作业，然后就需要新的资料整理方法，回形针的时代就此到来。

任何地方都可能同时满足这三个条件，因此，19世纪末，许多国家几乎同时出现各种回形针设计，也就不足为奇了。从1867年起，不少人都在申请专利，各式各样，试图找出一个最好的办法，靠一根金属固定不少于两张的纸。他们设计的回形针五花八门——1894年，乔治·法默（George Farmer）设计出"尤里卡（Eureka）回形针"：从铁片上切割下来的椭圆形铁片，中间有一条尖齿，用来夹纸；1895年，有人设计出"实用（Utility）回形针"：形似对折过的老式拉环；1897年出现一款"尼亚加拉（Niagara）回形针"：基本上就是把两个费伊回形针连起来；1897年，还有一款"小剪刀（Clipper）回形针"，跟尼亚加拉回形针相似，只是把环变成尖角；1904年出了一种"韦斯（Weis）回形针"：等腰三角形中套着一个等边三角形；还有一种名字比较花哨的"赫拉凯勒斯两用回形针（Herculean Reversible Paper Clip）"：将铁丝扭成两个略微倾斜的等腰三角形；还有"雷加尔（Regal）回形针"或"猫头鹰（Owl）回形针"：看上去有点像猫头鹰——就像是一只猫头鹰被关在一个不够大的笼子里养大，渐渐长成奇怪的方形；1902年出了一款"完美（Ideal）回形针"：铁丝被扭成复杂的蝴蝶造型。各种各样的回形针层出不穷——"林克利普（Rinklip）回形针"、"大人物（Mogul）回形针"、"丹尼森（Dennison）回形针"、"伊兹翁（Ezeon）回形针"……

1902年至1903年，有个名叫乔治·麦吉尔（George McGill）的人，提出的回形针专利申请约有12份之多。此人想必醉心于文具设计，一刻也闲不下来（他还设计了纽扣型纸夹、票夹和订书机）。我猜想，他肯定无时无刻不在信封背面或纸片上涂画新设计，而他妻子则十分懊丧，对他十分绝望，怀疑他连跟自己一起躺在床上、一起吃饭的时候，心思也不全然在她身上，还在思考着如何设计出完美无缺的回形针。他的理想最终实现了几分呢？看起来，他并没有取得多大成绩。由于麦吉尔造成的混乱，"早期办公室博物馆"网站并未收录1902年后注册的回形针设计：

> "对于1902年后申请专利的回形针，除非有证据证明它曾投入生产，否则我们不会收录。我们这么做，是因为1903年出了13种回形针，其中10种的发明者都是乔治·W. 麦吉尔。这10种回形针中，除了'五弦琴（Banjo）回形针'之外，全都没有证据表明曾投入生产或打过广告。"

可能麦吉尔的许多设计确实仅仅止步于得到专利，但是"早期办公室博物馆"网站的做法对他有点不公平。至少，麦吉尔1903年设计的一款回形针也曾投入生产——我桌上就有一盒"环形（Ring）回形针"（该款回形针专利属于乔治·W.麦吉尔，1903年6月23日及11月7日）。

虽然这段时间涌现了大量回形针设计，沿用最久的仍是狭窄双回环设计的"宝石牌回形针"，人们常说它是"完美"的设计。纽约现代艺术博物馆和德国维特拉设计博物馆都曾做过"宝石牌回形针"的专题展览。《费顿设计经典》丛书的编辑之一艾米莉亚·特拉尼（Emilia Terragni）将回形针列为她的最爱物件之一：

> 因为回形针中蕴藏着设计的本质：既有漂亮的设计，又是简便的械具，一百年也不曾变化——还是老样子。即使过了一百年，它的功能也仍然存在，人人都要用它。

但是，"宝石牌回形针"真如众人所说的那样完美无缺吗？所有文章，在谈论回形针的漂亮设计时，都只盯着回形针本身，对于它在使用中是否仍然美丽，全都避而不谈。其实，一旦拿来夹纸，回形针有一半会被纸张挡住。如果夹的文档较厚，回形针就会扭曲变形。很多时候，人们过分珍视回形针简约的设计，对其功用性的夸赞言过其实。

另外，说它一百年都不曾变化，这一点也值得怀疑。确实，我们如今使用的回形针跟19世纪90年代广告里描绘的回形针十分相似。但很多回形针，虽然看上去跟"宝石牌回形针"相似，但是细节上有细微差别。现在有一种回形针，内环顶端微微上翘，这样的设计使得纸张更容易卡进回形针里（不过乔治·麦吉尔在1903年的专利申请中就曾提出此构想）。另外还有一个变种是亨利·兰克努（Henry Lankenau）1934年设计的"哥特式（Gothic）回形针"——传统回形针的两端都是罗马式圆头，而"哥特式回形针"一端呈方形以便与纸张齐平，另一端成三角尖形，以便于夹纸。而波纹型的回形针增加了摩擦力，可以防止纸张滑落。虽然这些变化都很小，但也不能被无视。去过雷曼文具店（Ryman Stationery）后，我想说，现如今，原版"宝石牌回形针"和改良版的"宝石牌回形针"各占半壁江山。

既然"宝石牌回形针"实际上并不像人们想象得那么好，为什么还被公认为是完美的设计？答案似乎是：不管从什么层面看，宝石牌回形针都能令人满意。虽然它不是完美的，但它已经够好了。综合各种因素，它能得8分（总分10分）。虽说稍作改动能使它某一方面的性能增强，但与此同时，会导致另一方面出现问题。比如，使其一端翘起可以让纸张更容易卡进去，但是这样一来，同样一堆文件需要占用的空间变大。又比如"哥特式回形针"，虽然更好用，但是容易把纸刮坏或撕破。而用波纹型的回形针，虽然纸不容易掉出来，可是要想把纸拿出来也不容易。"宝石牌回形针"尚不完美，人们还会继续努力改进，不过要面临一个挑战：设计出一种跟它一样,有着微妙平衡的新文具。

不仅维洛斯1377-旋转文具收纳盒上有宣传广告,包装盒上也有条清单,列着同类型其他产品,包括一系列基础办公用品:

130 —— 印章架

176 —— 旋转文具盒

006 —— 双辊道阻尼器

1365 —— 阻尼器

1502 —— 润湿型印泥台

还有一系列的维洛斯订书机和订书针:

347 —— 长柄装订机

300 —— 猎鹰款

325 —— 温莎款

330 —— 平头钉

23 —— 起钉器

321 —— 猎鸟款

还有一些穿孔器和打孔机:

4362 —— 加强型打孔机

4363 —— 简易打孔机

950 —— 打眼及打孔机

4314 —— 闪电款

4316 —— 加强款

4324——四孔款

维洛斯系列还有75种以上不同型号的橡皮圈；5种型号的橡胶顶针；三层到五层不等的旋转式或层叠式案头文件盒；6种案头卷笔刀；3种卷笔刀袖珍模型；二十多种颜色的图钉，既有管装的也有罩板包装的；3种用来装微影卡和索引卡的小柜子（5'×3'，6'×4'，8'×5'）。每套产品都有实物展示图，背景都是亮色。这些颜色在当时的报刊彩色增刊上都能找到，全都非常闪亮，像在蜜糖里泡过一样。从这些文具可以看出，当时的人热衷于将橙色和褐色搭配在一起，这种颜色组合让我有点怀念我的童年时光，太久远了，我已经记不太清楚了。

我在维洛斯1377–旋转文具收纳盒的第三个分格里放满了黄铜图钉。从名字就可以知晓，"图钉"一开始是制图员用来固定图纸的。这些图钉也曾形态各异、设计不一，从最开始简单的直钉子慢慢变化而来。

图钉的设计日渐完善，人们开始争论到底是谁发明了如今为人熟知的图钉。有人认为发明者是奥地利工程师海因里希·萨克思（Heinrich Sachs）。萨克思图钉设计于1888年，是中间有个V型切口的钢制小圆片。V型部分被折起，形成图钉尖。虽然这种图钉在英国不怎么流行，但在其他国家很受欢迎。

英国更常见的图钉是我放在文具收纳盒里的那种黄铜图钉，美国人称之为"拇指背"（thumbtack）。这种图钉顶端是个半球状黄铜，球心向下焊接尖锐的钉尖。还有人说，图钉是德国火柴制造商约翰·科尔斯滕（Johann Kirsten）于1902年至1903年间发明出来的。其中一种说法是：在那之前，科尔斯滕（跟此前的很多人一样，毫无疑问）只是用一根简单的直钉固定图纸。后来，他意识到，如果钉子顶端稍大一些而且是平面的话，就不会那么容易伤到手了。于是他敲出一块黄铜小圆片，并将钉子从圆片中间钉入。不过，这个设计并未给科尔斯滕带来多少好处。虽然他也卖了一些图钉给当地的工匠，但还是缺钱（很可能是因为他酗酒——好像还曾叫马车把他从家里送去隔壁的酒吧，而他的孩子全都在家挨饿），最后不得不把专利卖给工厂主亚瑟·林德斯泰特（Arthur Lindstedt）。可惜，这个设计有个缺陷：稍一用力，顶部的圆盘就会脱离钉子，严重影响了其商业潜力。总之就是不够好。后来，亚瑟的兄弟奥托（Otto）接管工厂，让员工解决了这个问题。1904年1月8日，奥托在柏林专利办公室为这个改良版图钉申请了专利（专利号154 957 70E）。靠着改良版图钉，奥托赚了一大笔钱，林德斯泰特工厂的每个员工每日都能生产成千上万的图钉，然后出口到欧洲各地（亚当·斯密要是知道这事，一定很骄傲）。科尔斯滕很快就被人抛诸脑后。

好吧，也没完全被人遗忘。2003年，为了纪念图钉发明100周年，利兴[1]城外一家小旅馆经营者克里斯塔·克特（Christa Kothe）花钱立了一尊雕塑。雕塑既没有立在利兴镇中心，也没

---

1 利兴：Lychen，德国勃兰登堡州的一个市镇。

有立在科尔斯滕工作坊附近,而是直接立在了旅馆外面。有人会说,整件事不过是旅馆的宣传噱头,而不是单纯为了纪念这个为文具作出贡献的"英雄"。其实,这个雕塑不仅立在了错误的市镇,甚至立在了错误的国家——而且,倘若真是为了纪念图钉发明100周年,时间上也晚了十年,因为科尔斯滕并不是第一个发明图钉的人,他的设计晚了好多年。

《牛津英语字典》中对图钉的解释是"用来将绘图纸固定在板、桌面等平面上的平头钉",例句引用的是1859年的一个文本——F. A. 格里菲斯的《炮兵男》(Artillerist's Man):

用图钉把它修得牢牢的……

我们还能找到更早的记录。《艺术科学登记簿》(The Register of the Arts and Sciences)第三卷对图钉有这样的描述:

因此,如果能够把一个小图钉固定在圆心,那么画出准确的半径会更简单、更精确。

从这段话中看不出所指的图钉是什么形状的,不过文中说它小而精致,估计只是简单改良了一下用了很久的直钉。另外,这段话中描述的图钉并不是用来固定图纸而是用来作辅助工具,以便画出圆润的弧线。因此,那种图钉与我们如今熟知的图钉完全不是一回事。这样看来，或许我们不该急于否定约翰·科尔斯滕。不过，罗伯特·格里菲斯·哈特菲尔德（Robert Griffith Hatfield）1844年写的《美国家庭木匠》（*The American House-Carpenter*）有更加详细的描述：

> 图钉有一个小铜底，从下往上突出一根针。每个角戳一个图钉，就可以把纸张固定在板上了。

约翰·弗莱·希瑟（John Fry Heather）1851年写的《数学工具论》（*Treatise on Mathematical Instruments*）中也有相似的描述：

> 图钉有一个黄铜平面，中间垂直立着一根钢针。

为表明他说的正是我们如今所知的图钉，希瑟还附了一张插图。确实是我们熟知且喜爱的那种图钉。老约翰（约翰·科尔斯滕）真可怜。不过，就像另一个约翰（约翰·瓦勒）至少能因为大家认为回形针是他发明的而心怀慰藉一样，他应该也感到一丝安慰吧，毕竟他的同胞被他感动，在他死后为他立了个不准确的雕塑，还选择在错误的时间来纪念他。多"光荣"呀！

看起来，图钉是欧洲的历史产物，不过我的维洛斯–1377

旋转文具收纳盒第四格里放的却是美国的"美式图钉"(push-in)——新泽西州的艾德温·摩尔(Edwin Moore)设计于1900年。摩尔在摄影实验室工作,他对当时可用的图钉都不满意,一直想找个更加简便的方法来悬挂需要晾干的相片:

> "可是我发现用这个东西有很多不便,用它戳进相片之后,不易拿稳,总是手指打滑,不是不小心撕坏相片就是会在相片上留下红色指纹。而且洗照片的液体会腐蚀钉子和金属铁帽,在照片上留下污点。"

摩尔的解决办法很简单,就是"给图钉加个柄"。小小的钢针顶上戴着顶精巧的玻璃帽子。他还曾建议再把针顶弱化,"适当装饰"一下。为此,他还做了个猪/狗/熊脑袋(图片不清晰)的小模型来做阐释。离开摄影实验室之后,摩尔拿出112.60美元的私人资金,开始经商,生产他设计的图钉。他晚上生产图钉,第二天早上拿出去卖。接到的第一笔订单只有144个,赚了2美元。不过他很幸运,接到的订单越来越多,没过多久就接到了来自伊士曼·柯达公司[1]价值1000美元的大订单。接到订单后,他将赚到的钱再次投入生产,同时加大力度做广告,宣传自己的产品,第一支广告刊登于1903年出版的《女士家庭

---

[1] 伊士曼·柯达公司:Eastman Kodak Company,简称柯达公司,曾是世界上最大的影像产品及相关服务的生产和供应商,总部位于美国纽约州罗切斯特市。

杂志》(*The Ladies' Home Journal*)，广告费高达168美元，他的公司因此迅速腾飞。实际上，摩尔美式图钉公司至今仍在营业，主要生产"小玩意儿"，例如带编号的圆头图钉（长长的细针柄上顶着一个球形图钉头——我的维洛斯文具收纳盒第五格里就放着这些）、Pic-Sure-Stay（注册商标）牌和Snub-It（商标）牌的相框悬挂钩、Tacky-Tape（注册商标）牌高温密封胶带，当然了，还有自家的摩尔美式图钉（不过可惜，早期的玻璃帽图钉已经停产）。如今，摩尔美式图钉有塑料头的、铝头的和木制头的，还有一种细钉（Thin Pin，扁平版的美式图钉，可以弯曲90度后夹资料，因而不用把纸戳穿）。

与欧式图钉相比，美式图钉有不少优点。因为加了"柄"，美式图钉更加容易取出，图钉针部被完全戳进平板的时候尤其如此。1916年版的《大众机械》(*Popular Mechanics*)杂志曾记载，有人试图设计出一种新图钉来解决这个问题：

> ……带半圆形柄，柄尾在图钉头部形成圆孔。图钉的圆头可以一半大一半小，那样柄尾可以与图钉头贴合，形成闭合的圆孔。

这个设计似乎过于繁杂，而且还是没有脱离"给图钉加个柄"这个层面，更何况美式图钉已经用更简单的方法解决了这个问题（虽然美式图钉的造型决定了它无法与其戳入的平面齐平，因此不适合用在狭窄过道里的布告板上，因为路过的人一个不小心就会刮落用图钉戳在那的A4纸，可能会导致一些小问题）。

有些文具会造成意外伤害，老式图钉也存在危险，美式图钉则比老式图钉安全得多。老式图钉掉到地上往往针尖朝上，就等着你不小心踩上去，直接戳进脚底（而你还不知道是什么情况，痛得直叫唤，惨兮兮地单腿跳到附近的椅子上坐下，拎起脚来才发现原来是图钉戳进了肉里）。而美式图钉头部较小，针部细长，落在地面上不太可能像老式图钉那样尖端朝上，应该会横躺着。要是当初RC哈米特屠宰有限公司用的是美式图钉多好，那样南清福德（South Chingford）的多丽丝·尼科尔斯（Doris Nichols）女士就不会有那次惨痛经历了。1932年6月18日，尼科尔斯女士在当地肉铺买了一只鸡、五个猪肉派。当晚，她正开心地享用着猪肉派，突然嘴里一阵钻心的疼痛，拿手去掏，竟取出来一根图钉。接着她的喉咙开始红肿发炎，看过医生之后还是不能进食。《泰晤士报》一则报道中说"至6月22日，她的病情已十分严重。6月23日及24日，她还出现吐血症状"。后来还有一则报道，是我见过关于图钉的描述中最可怕的一句话"6月25日，她排泄出一根图钉"。

肉贩承担了相关责任，但声明这种事故"随处都有可能发生"。他解释说，可能有人"拆台布的时候取出了固定台布用的图钉，忘了带走，而送猪肉派的人没留心，把猪肉派放在了图钉上"。可想而知,尼科尔斯要花上不少时间才能结束这段痛苦,接下去那几个月,她整整瘦了近14磅。同年11月,该案件庭审,尼科尔斯的医生布莱恩·布克利·夏普解释说:"她本来就很容易精神紧张,这次经历这么可怕的事情,很可能让她极度不安。"最终,麦克诺顿法官判给尼科尔斯女士200英镑赔偿金,麦克诺顿表示"没有什么比吞下一个图钉更让人不快,不论是谁,一旦经历这种事,很难忘记",但同时,他也承认"这纯粹是个意外,猪肉派本身也没有错"。

我的维洛斯1377-旋转文具收纳盒最后一个分格里满满地放着24个不锈钢纸夹,跟瑞克的Supaclip纸夹(Rapesco Supaclip)推夹器相配套。瑞克推夹器结合了佩斯(Pez)推夹器和索尼克(Sonic)螺丝刀的优点,是一个透明的手持设备,使用时推动弹簧拇指触发器即可。夹钳状的金属纸夹从推夹器口出来时,纸夹口会被撑开,牢牢地夹住纸张。纸夹可手动取下,反复使用。瑞克认为其纸夹"新颖独特、独一无二",而且深信有很多人想抄袭该推夹器:

> 告别回形针吧,注意辨别伪劣仿品。Supaclip(注册商标)40推夹器最多可夹40张纸——伪劣仿品无法做到这一点。

或许瑞克纸夹推夹器这么多疑是有道理的。有个问题他们被问了太多次，最终不得不将它列进常见问题（FAQ）：

问：你们的纸夹适用于别的推夹器吗？
答：也许能用，但是会出问题。

1946年3月14日，瑞斯·皮奇福德有限公司（Rees Pitchford & Co.Ltd）注册了维洛斯商标，旗下产品有：

非摄影装备专用的胶黏材料（文具）、油画笔、办公必需品和电器（非家具）、打印机。小刀、堆垛机、冲压机或类似产品不在销售范围内。

不过，维洛斯这个品牌在注册之前就已存在一段时间了。瑞斯·皮奇福德有限公司的前身是弗兰克·皮奇福德公司（Frank Pitchford & Co.），成立于20世纪早期，20世纪30年代末改名为瑞斯·皮奇福德有限公司。维洛斯品牌兴盛了多年，订书机上、卷笔刀上、打孔机上都印着维洛斯的经典标志"V"。可惜，维洛斯最终还是跟其他文具品牌一样，于2004年被企业收购，其商标被分配给亚柯品牌集团（ACCO Brands）。

亚柯品牌集团听上去籍籍无名，但其实是数一数二的办公文具供应商。一直以来，亚柯品牌集团逐步吞并别的公司，将其文具品牌收入囊中。该集团1903年成立，当时名为美国文具夹公司（American Clip Company），旗下有威尔逊·琼斯（Wilson Jones，成立于1893年，发明了3环活页夹）、斯温莱因（Swingline，成立于1925年，为装订类文具第一品牌，办公文具如订书机、打孔机、修剪机等领导品牌）、通用装订公司（General Binding Company，成立于1947年，其装订与层压设备供应全球领先）、蓝格赛（Rexel，专注设计与创新70年，蓝格赛旗下产品囊括了各式碎纸机、修剪机、多款文件夹，还有各种案头办公用品和工具）、德尔文铅笔（Derwent Pencils，"我们从1832年就开始在坎布里亚郡造铅笔了，我相信这门艺术已在我们手中臻于完美"）以及其他品牌。

　　就这样，维洛斯品牌从此不复存在，没入一家"其貌不扬"的跨国公司。维洛斯一名虽然还在，也不过是聊胜于无。蓝格赛的打眼机系列产品仍然使用维洛斯这个名字，但是这样一来，原本一家生产各类基础办公用品和必需文具用品的公司，沦为杂货店供应商。我对杂货店没兴趣，我只对文具感兴趣。不过，这要紧吗？我在伍斯特公园的文具店里发现那个旧盒子之前，压根没听说过这个品牌，为何要在意它的历史？可是，我对维洛斯了解得越多，就越想了解其他文具公司，还有那些我甚至从未听闻过的公司。除了维洛斯，必定还有其他品牌，是哪些品牌呢？这些文具品牌以自己的方式成为我们文化遗产的一部分，它们一度广为人知，最终却销声匿迹,几乎无迹可寻。于我们而言,如今众所周知的品牌,未来是否也将如它们一般被人遗忘?除此之外,我还关心人,那些藏身于我们司空见惯的文具背后的人。他们的生活,他们身上的往事。他们是谁?他们的种种经历到底如何?我想弄明白。

第二章
关于人的一切,都是笔教我的

动笔写书之前，我同出版商签了一份合同。这是规矩。并非我们不信任彼此，只是，光握个手点个头还是不太妥当，签份合同对双方都有好处。这本书讲的是文具，因此，我在签字时倍感压力，因为我想确保签字时用对笔。

但什么笔才是"对的笔"呢？我琢磨了半天。一开始我想到了钢笔，它给人以成熟之感。我要用宝蓝色钢笔水签上我的名字。不过这样好像有点浮夸，而且我总觉得钢笔有些刮纸。用钢笔不是我的风格。中性笔墨水颜色又太鲜艳，看着不稳重。我越想越觉得，只有一个选择。其他人可能会选择比较华丽或昂贵的笔，但我不。我想找的笔要不张扬但很经典，要很权威，要简单而又不平凡。那就是比克水晶（BIC Cristal）圆珠笔。

对许多人而言，圆珠笔就是比克水晶。我们对这笔再熟悉不过了，可大部分人竟不知其真名。不过，要叫它"比克水晶"又未免略显矫情。在数百万人眼中，它仅仅是支"比克比罗（Bic Biro）[1]"，但事实上，比克圆珠笔和比罗圆珠笔原本分属两家公司，双方官司纠纷不断，直到最后通过收购和联姻，两家才握手言和。

1951年，马塞尔·比克（Marcel Bich）在法国发售比克水晶圆珠笔。他之前居住在意大利，20世纪30年代初，搬去法

---

[1] 比克比罗：Bic Biro 圆珠笔，由拉迪斯劳·比罗（Ladislao Biro）发明，马塞尔·比克（Marcel Bich）购买了比罗的发明专利。

国。在法国，他和爱德华·比法尔（Eduard Buffard）在一家附属于英国斯蒂芬斯墨水（Stephens Ink）公司的办公用品公司上班。二战结束后，他和比法尔在巴黎市郊的克利希[1]买了间小作坊，开了一家PPA（La société Porte-plume, Porte-mines et Accessoires）公司，比法尔任生产经理，比克则任总经理，他们开始为当地钢笔公司生产配件。20世纪40年代末，有订货方开始向他们询问一种新产品：圆珠笔。比克迅速意识到，这种新的书写工具发展前景广阔，因此决定自行研发一款圆珠笔产品。

当初在斯蒂芬斯墨水公司工作时，比克结识了商人让·拉佛蕾斯（Jean LaForest）。拉佛蕾斯有家小笔厂。1932年，拉佛蕾斯跟同事让·皮侬（Jean Pignon）一起申请了圆珠笔机械装置专利。比克发现，当时市面上的圆珠笔普遍存在一个问题：墨水不好，不是会漏就是会弄脏纸，要么就是在笔杆里干涸掉。因此，比克跟高-布朗康（Gaut-Blancan）公司合作研发了适用于圆珠笔的新型墨水。基于拉佛蕾斯和皮侬的成果，比克设法解决了当时圆珠笔存在的各种问题，其产品远远优于同时期涌进圆珠笔市场的竞争对手。PPA公司设计团队以传统六边形木质铅笔为模板，最终设计出如今我们熟知的圆珠笔造型。1950年年底，新笔开始发售。

我们熟知的"比克（Bic）"品牌取自马塞尔·比克的

---

[1] 克利希：Clichy，法国法兰西岛大区上塞纳省的一个镇，位于巴黎郊区。

姓——Bich，略去了字母"h"。这款笔最初由PPA公司发售（比克公司——La société BIC两年后才成立），共有五种颜色可供选择，除普通的黑色、蓝色、红色和绿色之外，还有一种紫色笔——用来……我也不清楚，用来做特殊标记吧。此外，比克系列圆珠笔分三款：一次性比克水晶圆珠笔（售价60旧法郎，相当于如今的1.50英镑）、可换芯的不透明圆珠笔（售价100旧法郎，相当于如今的2.50英镑）以及奢华款格状纹饰圆珠笔（售价200旧法郎，相当于如今的5英镑）。综合看来，可换芯的不透明圆珠笔要比一次性比克水晶圆珠笔划算，可是人们更喜欢一次性比克水晶圆珠笔，用起来很方便，仅一年时间就售出250万支。

接下去几年，比克公司开始大规模开展营销宣传活动，广播、纸媒、影片全方位推出广告。1952年环法自行车赛期间，比克公司租了一辆厢式货车，全程跟随自行车手，车顶放着一个巨型比克水晶圆珠笔模型。街道两边挤满了观赛人群，现在看来，当时那辆货车用广告语说就是"绝佳方案"，宣传活动颇有成效。截至1958年，比克公司圆珠笔日产量高达百万支。从那以后，每逢环法自行车赛，比克公司都会开展宣传活动。

起初，圆珠笔笔尖滚珠采用不锈钢材质，1961年改用碳化钨。这样一来，圆珠笔公司就能够生产出更精细的笔尖。为了跟标准1毫米笔尖圆珠笔区别开，新推出的0.8毫米笔尖的比克水晶重新进行设计包装。在那之前，比克公司新近确定明黄色为公司产品主色调，因此0.8毫米笔尖的比克水晶也以明黄色为包装的主要颜色。这个颜色一直沿用至今，后来，其他圆珠笔生产商也用明黄色来区别细线笔与粗线笔。为了宣传0.8毫米笔尖的圆珠笔，比克公司聘请平面设计师雷蒙德·萨维尼亚克（Raymond Savignac）设计了一个吉祥物——"比克男孩"，一个小男孩把一支笔藏在身后（小男孩的脑袋刚好也是圆圆的碳化钨）。这个形象如今仍然在使用。

  比克水晶圆珠笔的设计借鉴了传统木质铅笔的设计，不过要追根溯源的话，比克水晶的设计可以一直追溯到人类文明的源头。30000年前，人类在墙上和黏土上做标记，以此来探索周围的世界。最早的洞穴壁画十分简单，就是用手指在黏土上画出来的。后来，经过编撰规整，这些图像慢慢变形，接近于文字。人们开始用简单的工具画这些象形字符，用芦苇秆在软泥板上写出楔形文字（这种原始的书写体系由美索不达米亚人发明于公元前4世纪，"楔形"这个说法来自拉丁词语"cuneus"，意为"楔子"）。在埃及，人们用煤烟灰和水做成墨水倒进芦苇刷，然后在莎草纸上写字。渐渐地，芦苇刷被遗弃，取而代之的是芦苇笔——把中空的芦苇秆一头削尖，尖端正中劈开一道小口，形成笔尖；墨水从芦苇秆另一端倒进去，淌到笔尖；类似于钢笔。

  公元6世纪左右出现了羽毛笔。早先的芦苇笔书写笔画较粗,莎草纸这样的书写材料表面粗糙,用芦苇笔在上面写字没问题。但书写材料变得越来越平滑,例如羊皮纸和牛皮纸,在这些纸上写字笔画要更精细。羽毛(通常是鹅毛)杆比较柔韧,因此笔尖可以削得更尖,也不会像纤维材质的芦苇那么容易劈裂。公元624年,塞维利亚的圣伊西多禄[1](Saint Isidoro)对羽毛笔(Pinna)和芦苇笔(calamus)都作了描述。这是关于羽毛笔的最早记录。从他的描述中可以看出这两种笔都有人用:

> 抄写员用羽毛笔和芦苇笔把文字记录在纸上。芦苇笔用植物制成,而羽毛笔用的是鸟的羽毛。笔尖被劈开一道口,而笔杆保持完整。

圣伊西多禄还解释了这两种笔的称呼由来:

> 芦苇笔叫"calamus",是因为笔杆内放有墨水,而出于某种原因,水手们用"calare"来表示"放(to place)"。羽毛笔叫"pinna",这个词来自"hanging(pendendo)",意思是"飞翔";而羽毛笔,如上所述,用的正是鸟的羽毛。

羽毛笔一直到公元9世纪才被金属笔尖取代,在那之前,人们一直都在用羽毛笔。这一点足以证明羽毛笔是十分好用

---

[1] 圣伊西多禄:(560-636),西班牙6世纪末7世纪初的教会圣人,神学家。

的书写工具。早在罗马时期就已经出现了用金属笔尖的笔，写出来的笔画跟羽毛笔同样精细且富表现力，不过这样的笔十分稀罕，因为那时要造出这样的笔尖实属不易。和羽毛笔相比，芦苇笔和原始的金属笔都有一个优点，那就是可以在笔杆内存储少量墨水。用羽毛笔写字需要不停地蘸墨水，这样不仅书写缓慢，而且笔画总是中断，不够连贯。

公元10世纪，哈里发[1]穆仪兹[2]下令研发金属笔，有人认为那就是钢笔的蓝本。据法蒂玛王朝史学家卡迪[3]962年所著的《布道书、旅途伴侣、停留之地及行政法规》（*Kitab al-Majalis wa'l-musayarat wa'l-mawaqif wa'l-tawqi'at*）记载，哈里发当时的描述是要发明出"一种自带墨水存储器的笔，书写时不需要依赖墨水盒"，笔杆中装满墨水，写完字后"墨水就变干，书写者把笔收进袖子或随便放在哪里，都不会留下墨渍，墨水也完全不会漏出来。只有需要让墨水流出或想要写字时，墨水才会流出来。"卡迪问穆仪兹有没有可能造出这种东西，穆仪兹说："只要真主愿意，一切皆有可能。"

短短几天，工匠就"用金子做了一支笔"，不过这支笔"出墨有点多"，哈里发下令改进，新笔要"就算在手里颠来倒

---

[1] 哈里发：伊斯兰政治、宗教领袖的称谓。阿拉伯语音译，原意为"代治者"、"代理人"或"继承者"。
[2] 穆仪兹：全名艾布·塔米姆·麦阿德·穆仪兹，法蒂玛王朝第四代哈里发、军事家，又名穆仪兹。
[3] 卡迪：全名Qadial- Nu'man al Tamimi。

去也不漏一滴墨水"。卡迪明显被这支笔感动了,他说他从中看到——

(它是)一个完美的道德模范,因为在人需要它的时候,它便奉献自身所有之物,做些有用的事情。它的诞生便是为了写有用的东西。真正想要它的人只会从它那里获益,只有真正得到它认可的人才能召唤出墨水,否则一滴墨水也不会流出来。

可惜,对于这支笔如何评判人的品性卡迪只字未提,也没有任何细节可以说明这支笔是怎么造出来的。

整个16世纪,人们都在不断尝试,试图研发出自带墨水存储管的笔。莱奥纳多·达·芬奇的《大西洋古抄本》(*Codex Atlanticus*)中有张1508年的插图,图中的笔自带圆柱形墨水管,管顶有盖封口,防止墨水泄漏。1632年,瑞典瓦萨王朝国王古斯塔夫·阿道夫二世(Gustav Adolph II)收到一支自带墨水管的银笔,续墨之前能连续书写长达两个小时。丹尼尔·斯温特(Daniel Shwenter)1636年出版的《数理物理学之趣》(*Deliciae Physico Mathematicae*)中描述了一种羽毛笔,笔内嵌有另一根羽茎。内嵌羽茎也会装满墨水,并用软木塞封口。1663年,塞缪尔·佩皮斯(Samuel Pepys)记得自己曾收到威廉·考文垂(William Coventry)的信,"信中附有一支银笔,考文垂保证该笔可装墨水。这非常有用。"后来,佩皮斯曾点着小摊上买来的蜡烛,借着光在伦敦桥下给汤姆·哈特(Tom Harter)写信,信中说他"从未想到随身带的笔、墨水和蜡竟然如此有用"。写这封信的时候,用的说不定正是考文垂给他的那支银笔。

截至18世纪早期,能够连续书写长达12小时的金属笔尖"耐用"笔陆续研发成功。不过,这样的笔设计繁杂、墨水容易泄漏而且生产成本高,因此羽毛笔仍是主流。直到19世纪中期,原始的羽毛笔被带金属笔尖的羽毛笔——蘸水笔——所取代。

19世纪,生产工艺水平提高,生产出来的笔尖较以往更精细灵巧,所以金属笔尖渐渐风靡。金属笔尖寿命远长于羽毛笔尖,而且成本低廉,可大规模生产。人们将金属笔尖嵌进红木笔杆或银笔杆,一旦笔尖磨损,换掉笔尖即可。不过,有些人嫌金属笔尖太尖锐,刮纸。维克多·雨果认为这种笔简直就是"针",弃之不用;法国作家兼批评家儒勒·雅南(Jules Janin)更是称之为"一切邪恶的根源",他说:

"钢制笔尖这种现代发明让我们很不舒服。就像被逼着爱上这个浸在毒液中、小得几乎看不见的匕首。笔尖尖锐得像把剑,两侧开锋,好似造谣者的毒舌。"

可惜，雨果和雅南偏爱的羽毛笔还是渐渐消失了。

1809年，派更·威廉姆森（Peregrine Williamson）在巴尔的摩申请了"金属书写笔"专利。不过，世界钢笔尖生产之都应该是位于英格兰的伯明翰市。1822年，约翰·米歇尔（John Michelle）研发出一套设备，开始批量生产钢制笔尖。6年后，约西亚·梅森（Josiah Mason）开设了一家工厂，很快梅森就成了英国最大的笔具制造商。截至19世纪中期，全世界半数以上的钢制笔尖均出产于伯明翰。这些批量生产的笔尖成本低廉、使用寿命长久，所以在学校很畅销，直到20世纪后半期（甚至直到20世纪80年代，我上的小学里，一些教室的桌面上仍有墨水池）。不过，钢笔尖蘸水笔虽然取代了羽毛笔，但是它有着跟羽毛笔一样的缺陷：写几笔就要蘸一下墨水。

早期，钢笔管内墨水一旦用完，需要用滴管或移液管从墨水瓶里吸墨水滴进钢笔吸水管。滴管由一根细长的玻璃管和套在一端的橡胶吸球组成。这就意味着，你得时时刻刻把滴管抓在手中，可是滴管玻璃十分脆弱，一不小心玻璃就碎了。渐渐地，人们用自带储墨橡皮囊的"自来水笔"取代了滴管。

1892年，德国人雨果·西格特（Hugo Siegert）也设计了一种给钢笔充墨水的装置，可惜从未流行。他想"将墨水瓶与笔杆连起来"，所有的笔都通过橡皮管连接着巨大的墨水瓶，瓶口有个橡胶吸球，挤压橡胶吸球可以把墨水抽运进笔中。西格特解释说,这样"墨水瓶可以连接的橡皮管不止一根,那样就可以同时给很多只笔供墨。"我想不通,这样的设备为什么没流行起来。一个巨大的中央墨水瓶通过橡皮管同时为一整个办公室的笔供墨,看上去肯定超酷,就像是特里·吉列姆(Terry Gilliam)执导的《妙想天开》(Brazil)里的东西。如果你在办公室里上班,请把这种设备推荐给你的上司或者管文具的人。我们得让这东西从设想变成现实。

直到1884年,才出现第一支销售成绩出色的钢笔——刘易斯·爱德森·华特曼(Lewis Edson Waterman)设计的理想牌钢笔。华特曼1837年出生于纽约,只接受过基础教育,但是他当过老师,推销过书,还卖过保险。他应该是在做保险期间产生了改进钢笔的想法。当时,他正要跟客户签一单重要的保险合同,钢笔却在这时候漏水了,在关键文件上滴了个大墨斑。于是他去重新准备合同,一会儿工夫,等他回来时,客户已经走了。华特曼当即下定决心,坚决不能再出现这样的失误。

故事听上去很有意思,但实不可信。老式钢笔网站(Vintage Pens)的大卫·尼什姆拉(David Nishimura)曾研究过华特曼公司的宣传推广资料。1904年,华特曼公司内部出版的《钢笔先知》(Pen Prophet)一期杂志中有篇文章,连篇累牍地详述了公司的创立故事。大卫·尼什姆拉一直找到1921年(距离刘易斯·华特曼逝世已有20年)的部分,才看到这个故事。因此，尼什姆拉推测，为了将华特曼塑造成像吉米·史都华（Jimmy Stewart）那样谦卑朴实、务实可靠的人，华特曼公司广告部编造了这个故事。

华特曼想设计的笔要能"让墨水稳定流畅地均匀流出"笔尖。笔内有橡胶墨水囊，钢笔尖有深切口，依靠重力作用和毛细作用，墨水就能顺利从笔尖流出。以早期设计理念来看，华特曼的设计十分简单。《艺术协会杂志》（*Journal of the Society of Arts*）曾刊登詹姆斯·马金尼斯（James Maginnis）1905年发表的一次演讲。詹姆斯·马金尼斯说"理想牌（Ideal）墨水的用法彰显了简约的本质"。因为设计简约、制作精良，这款笔迅速热卖，畅销不止。不过两三年光景，这款笔的产量就从每周36支蹿至每天1000支。2006年，刘易斯·爱德森·华特曼的名字入驻美国国家发明家名人堂（US National Inventors Hall of Fame）。名人堂网站上关于他的简介这样写道："据说，有一次，华特曼在跟客户签一份重要保险合同，钢笔质量太次，墨水滴漏在文件上，他去换笔时客户离开了。为此，华特曼发誓一定要研发出更好的书写工具。"呃……呸！

1913年，派克笔公司推出"按钮吸墨（button filler）"系统。这个系统十分简单，其别致之处在于，吸墨管顶部有个按钮。将钢笔尖没入墨水后按下按钮，吸墨管内的金属条会压迫内部吸墨胆，松开按钮后，墨水就吸满了。此外，派克笔公司还推出新款"折合刀（Jack Knife）安全笔"——钢笔套设计为两层，以防漏墨。派克后来写到这支笔时说："顾客被吸引，因为它新奇；买它，因为它实用。"

派克笔公司那段时期的钢笔大多相当朴素（主要由黑色硬质橡胶制成），直到1920年，公司职员刘易斯·特贝尔（Lewis Tebbel）给派克提出一个小建议：我们的产品设计一直针对普通办公人员，为什么不面向更高层次的消费群体呢？据传，特贝尔和派克两人从派克笔公司的办公大楼俯瞰街道，数车流中的大型豪华轿车。当时，经济着实低迷，但仍有人买得起豪华轿车，那么高端钢笔——卖得更贵——肯定也有市场。

特贝尔设计的就是后来被称为"大红笔"（Big Red）的派克多福笔（Parker Duofold）。多福笔由橘红色硬质橡胶制成，零售价高于其他派克钢笔，上市不久就成了身份的象征。之后，多福笔还出了其他色系（包括"摩登绿"、"中国黄"、"翡翠绿"、"深海绿珍珠"）。这些颜色的名称似乎都在强调这款笔品位奢华。不过，1933年，派克笔公司发行派克真空笔，墨水容量几乎是多福笔的两倍，笔杆由深浅两色赛璐珞材料制成，透过笔杆可以看见墨水余量。多福笔渐渐被真空笔取代。不过，最成功的派克钢笔当属继真空笔之后推出的"派克51系列"。

"派克51系列"钢笔于1941年上市，既有前瞻性（1951比1941多出整整十年），又富怀旧色彩（派克51于1939年试制成功，当年正是派克笔公司成立51周年）。1931年，派克笔公司推出自己的Quink牌速干墨水，后来又研制出更好的速干墨水（"即写即干"），而且不止一种颜色（"印度黑"、"突尼斯蓝"、"中国红"和"泛美绿"）。可惜，这种墨水会腐蚀橡胶墨水囊和赛璐珞笔杆，而当时市面上绝大多数钢笔用的都是这两种材料。因此，派克51系列钢笔笔身采用了透明合成树脂材料（当时用作航空材料的一种透明塑料），能够抵抗墨水腐蚀。笔头为铂钌（Plathenium，铂金与钌的合金，连接着14K黄金笔尖）。这种"非常珍贵的金属笔尖"意味着"书写几小时之后，笔尖经过磨合变得完全契合你的写字风格，书写流畅——此后数十年如一日。"

如果一个体重200磅的男人用新款派克51钢笔写字，力道深厚，写上几个时辰，从此，这支笔写出的字必然充满阳刚之气。而如果用它写字的是个身量纤纤的小姑娘，那么这支笔从此写出的字必定娟秀清丽。一看字就能知道笔的主人如何。

派克51系列钢笔笔身呈流线型，由设计师马林·贝克（Marlin Baker）、盖伦·赛勒（Gaylen Sayler）和弥尔顿·皮库斯（Milton Pickus）在乔治·派克之子肯尼斯·派克（Kenneth Parker）的指导下，模仿火箭和轰炸机（派克公司在广告宣传中强调派克51与P-51野马式战斗机相似,但是两者并无实际联系)的外形设计而成。此外,派克51系列钢笔一改传统的外露笔尖,转用暗尖,外加笔嘴护套。此设计一出,立成经典,曾在包豪斯大学任教的拉斯洛·莫霍伊-纳吉称之为"我们这个时代最成功的实用小物设计之一",赞赏有加,称之"轻巧、便利、造型优美、低调且相当实用"。

美国加入二战后,(美国)战时生产委员会将有限物资调配给军方,派克钢笔的生产受到限制。因战事,其他钢笔公司纷纷减少宣传,派克笔公司却加大了宣传力度。这样一来,派克笔公司接到的订单要花费几年时间才能完成。公司广告宣传方对此作出的解释是"派克51系列钢笔如今只能定量配给经销商。可是,这并不妨碍您去经常惠顾的商店预定我们的钢笔"。

拉斯洛·莫霍伊-纳吉对派克51系列钢笔赞誉有加,而另一位拉斯洛则对钢笔没什么兴趣。这位拉斯洛·比罗是一位犹太牙医的儿子,1899年出生于布达佩斯。一战爆发后,比罗于1917年在一所军官学校登记入学。一战结束后,比罗离开军校,跟随哥哥捷尔吉学习医药。上大学期间,比罗对催眠术很感兴趣,跟哥哥一起发表了许多关于催眠术的文章。除了演讲之外,比罗也注重实践论证。尚未毕业,他就离开了学校(后来,他写道:"我是匈牙利第一个认真研究实际催眠术应用的,靠这个我赚了很多钱,都没心思继续学医药了。")。

次年，比罗频繁易职，做过保险推销员、图书出版商、石油进口公司员工，从未在一个职位上久留。在石油进口公司工作时，他赚了足够的钱，从朋友那里买了一辆二手的布加迪赛车，打算参加两周后在布达佩斯举办的竞赛（尽管他根本不会开赛车）。他学开车时，发现换挡的离合器用着很不顺手，于是决定自主研发自动变速箱。这并非比罗的第一项发明，早前他曾在其父的设计基础上设计过"自来水钢笔"，通过管子将水引入笔杆中，溶解固体墨芯，形成墨水，这支笔也申请了专利；他还发明过洗衣机。这些发明一个也没带给他了不起的成就，可是，他一会儿研究这个，一会儿研究那个，换来换去，根本没空深入研究一个固定的领域。比罗跟他的一位工程师朋友在一起研究了一年，总算设计出一个还算令人满意的自动变速箱。他们将设计签给了通用汽车公司，对方答应每月支付给他们每人100美元（相当于现在的1025英镑），为期5年。可是，这项设计从未投入生产。

离开石油进口公司后，比罗成了《伊劳拉周报》（*Elore*）的记者。有一天，他去参观报社的文印室，机械运转，屋内温度升高，他的百利金钢笔开始漏墨。看着滚筒印花机，他开始思考能否用同样的原理设计出一种笔。据传，1936年的某一天，比罗正坐在一家咖啡馆里思考这个问题，他遇到一个难题：圆筒（就像印刷机用的那种）只能朝着一个方向滚动,可笔尖要能向任意方向转动。一时间,他一筹莫展,干坐在那里看街上小孩玩弹珠。有个弹珠从一滩尿上滚过,在大理石地面上留下一道痕迹;"解决方案顿时如闪电般闪现在我脑海中:球!"。

想到用球做笔尖这个主意的不止比罗一人。马萨诸塞州的约翰·劳德(John Loud)曾为其设计的圆珠笔申请专利,这支笔"除其他用途外,最大的特点是能够在粗糙的表面书写,例如木头、粗糙的包装纸等"。随后,不少设计师都注册了类似的设计,不过大多数笔尖都相当大,只有两款比较特别,值得注意,分别是拉佛蕾斯和皮格诺与马塞尔·比克合作设计的圆珠笔,还有保尔·艾斯纳(Paul Eisner)和文泽尔·克利梅斯(Wenzel Klimes)1935年出售的Rolphen滚笔。可惜,这些笔不太靠得住,不是漏墨水就是出墨不畅。有些厂家也像比罗那样,费尽心思改进设计,既考虑过从笔的工作原理入手,也想过换种墨水。

拉斯洛联系了他的哥哥,当时,他哥哥已经成了牙医。捷尔吉学过化学,因此拉斯洛请他负责为自己的笔研发墨水。捷尔吉便拜访了一位应用化学教授,说他想要一种"在笔芯中保持流动性,一接触到纸面就干的"墨水。教授说这种墨水根本不可能存在,"这是两种染料。一种干得快,一种干得慢。你想要墨水自己想干就干,不想干就不干?这样的墨水不存在,也不可能存在。"此后6年,比罗和哥哥捷尔吉一直坚持不懈地试验,想证明教授说的不对。

在此期间,比罗仍在报社兼职,每月也从通用公司获取酬劳。可是,研发圆珠笔样本需要投入巨额资金,仅靠这两项收入还远远不够。比罗的童年挚友厄姆·格勒特(Irme Gellért)慷慨资助,可比罗还是意识到:要想吸引更多投资,必须制造出可靠的实证样本。可到目前为止,那些样本要么漏水,要么根本不能用。格勒特和捷尔吉见了许多潜在投资人,每次捷尔吉与人谈话时,格勒特就偷偷在下面试用圆珠笔。如果笔是好的,格勒特就拿给投资人看;如果笔不能用,他就假装没带笔,与对方约定后续会议,并保证下一次一定带笔。

有一天,比罗和格勒特去南斯拉夫见银行家吉列尔莫·维格(Guillermo Vig)。他们提前到达酒店,在接待处填写登记表时,用的是自己研发的圆珠笔模型(找出了一根能用的)。旁边的一位老者看到了他们用的笔,便向他们咨询。他说自己叫胡斯托将军,来自阿根廷,对工程学很感兴趣。于是,比罗和格勒特去了老者的房间,向他详细介绍笔的情况。胡斯托相信这支笔在阿根廷会很有市场,并说如果比罗和格勒特愿意,他很乐意帮他们安排办理去阿根廷的护照。为了进一步敲定细节,他们约定几个月后在巴黎的阿根廷大使馆开一次后续会议。后来,他们顺利地见到了维格,与之签订了一份分销协议,每年在巴尔干半岛销售4万支左右圆珠笔。

会后，他们跟维格说了阿根廷老者的事情，还给他看了对方名片。维格告诉他们，这个老者其实是阿根廷前任总统阿古斯丁·佩德罗·胡斯托将军。他到南斯拉夫来，是为促进两国贸易交流。

由于意识到该国排斥犹太人的情绪越来越激烈，比罗决定在年底之前离开匈牙利。1938年12月31日，比罗来到法国，可是他在法国看不到未来（再说他的签证也要过期了），于是他1940年去了阿根廷，第二年他哥哥也去了。在法国，他哥哥旧时一位病人的丈夫路易斯·朗（Luis Lang）跟他合伙开了一家"比罗有限责任公司"，1942年生产出第一支笔（the Eterpen）。可是，墨水仍然是个问题——墨水会变干，笔用不起来，笔一坏，客人就会来退货。公司资金本来就不多，很快便消耗殆尽。于是朗向他的律师求助，对方介绍他认识了亨利·乔治·马丁（Henry George Martin）。

马丁1899年出生于英国伦敦，1924年移居阿根廷。朗给他展示了圆珠笔，马丁对这种笔颇感兴趣，于是以投资方代表的身份买下了51%的股份。马丁把比罗设计的特许使用权卖给了美国新近建立合作关系的永锋公司（Eversharp）和埃伯哈德·发贝尔（Eberhard Faber）。此外，1944年，马丁和迈尔斯航空公司的弗雷德雷克·迈尔斯（Frederick Miles）合伙在伦敦开了一家迈尔斯-马丁笔公司。回到阿根廷后，美国商人密尔顿·雷诺兹（Milton Reynolds）找到了马丁，他听说了圆珠笔的事情，想得到圆珠笔在美国的经销权。可是，马丁刚刚把特许使用权卖给了永锋/埃伯哈德·发贝尔公司。于是，雷诺兹决定自主研发生产一款圆珠笔，并抢在永锋/埃伯哈德·发贝尔公司之前在美国发售。

1945年10月29日，雷诺兹率先在美国发售"雷诺兹国际"圆珠笔——第一支在美国销售的圆珠笔。他跟纽约的金贝尔斯百货商店签署了独家销售协议，并在《纽约时报》上刊登了"这支将引发书写改革的神笔"上市的消息，宣称"这支钢笔卓越超凡，是微粒时代的奇迹，您曾读过有关它的介绍，心怀好奇且期待已久"，可以连续用两年不必吸墨（雷诺兹将这款笔称为"钢笔"可能令读者费解，不过，那时候只要是笔杆中储墨的笔都称作"钢笔"——像圆珠笔这样的新型笔具，只有等发展到一定程度，才会出现更加准确的新名称）。同样，这款笔也附有保修说明：

> 自购买日起两年内，如"雷诺兹国际"品牌笔出现书写故障，消费者可将笔退还至金贝尔斯百货商店，我们承诺立即退款。

虽然这款笔的零售价高达12.50美元（相当于现在的160美元），雷诺兹还是成功超越永锋/埃伯哈德·发贝尔公司，获利颇丰。据《纽约客》（*New Yorker*）记载，该笔发售当天清晨,"5000人云集商店门口,只等开门便蜂拥而入。警察局紧急调动了50名警察到现场控制人群。"当天,整整卖出了1万支"雷诺兹国际"品牌笔。之后3个月内,销售数量突破百万。事后,雷诺兹表示,首次发售成功的关键是选择了正确的时机,"我知道,这支笔要想成功,必须在1945年圣诞节前上市。上市时机必须掌握好。当时,人们期待看到战后的奇迹,而这支笔正好迎合大众的需求。倘若晚一年上市,这款笔将一文不值。"

比罗耗时数年,不断完善设计,同时利用毛细作用和重力作用来使墨水流出笔尖。而雷诺兹设计的圆珠笔匆匆投入生产,只用了重力作用,因而需要流动性更好的新墨水。雷诺兹将新墨水称作"Satinflo",可这种墨水会洇透纸张,经晒便会褪色。此外,雷诺兹设计的圆珠笔笔管没有换气孔,随着墨水减少,笔管中形成真空,由于缺少空气压力,余下的墨水也无法流出。因为没有换气孔,一旦把笔置于温暖的地方(比如放在上衣口袋里)就会出现漏墨的情况。所以,这款笔基本没法用。发售后八个月内,换货顾客达到104,643名之多。当时,尚未进军圆珠笔市场的肯尼斯·派克(Kenneth Parker)评价"雷诺兹国际"品牌笔"只会复制,不会原创"。

1946年,永锋公司终于发行了自己的圆珠笔——"永锋CA"。这款笔采用比罗受专利保护的设计,采用毛细作用的原理("毛细作用"英文为capillary,因此该笔名中有"CA"),质量明显优于雷诺兹匆匆发行的"雷诺兹国际"。"永锋CA"首发仪式选在纽约瑞吉酒店的鸡尾酒会上。为了证明这款笔十分坚固，永锋公司将一支笔捶进了木块；为了证明它即使在飞机中也不会漏墨，永锋公司将一支笔密封在广口瓶中；为了证明它能经受极端温度，永锋公司将笔放进了液态氮[1]中。雷诺兹在梅西百货开售"永锋CA"圆珠笔的同一天，推出自己的新笔（雷诺兹400）。虽然是新款笔，可之前的问题依然悬而未决——当天有个亮点：在展示永锋新笔时，梅西百货员工故意戴上了白手套，而金贝尔斯百货的员工没办法这么做，因为"雷诺兹400"会把手套弄得一团糟。

圆珠笔带来的新鲜劲渐渐过去，美国消费者手里只剩下那些有点漏水，基本不能用的圆珠笔。虽说"永锋CA"比"雷诺兹国际"好很多，可还是有很多毛病，再加上大批言过其实的廉价仿冒品涌进市场，到20世纪40年代末，美国的圆珠笔年销量暴跌至5万支。泡沫终于破碎，只留下一滩墨污。

不过，商人帕特里克·弗劳利（Patrick Frawley）仍然相信圆珠笔有发展前景。他斥资4万美元收购了托德笔公司，改名为弗劳利公司。1949年，他推出首款"比百美（Paper-Mate）"圆珠笔，这款笔用的是新研发出来的墨水。第二年，弗劳利公司为自家研发的按压装置申请专利，推出的"tu-tone"牌活动圆珠笔（售价1.69美元）则让消费者重拾了对圆珠笔的信

---

1 液态氮：温度极低，常用于食品冷藏。

心。1953年,公司强势宣传自己的产品,请到知名演员格雷西·艾伦(格雷西·艾伦说:"我着实喜欢比百美的设计和绚丽的色彩!")和乔治·伯恩斯(乔治·伯恩斯说:"比百美的按压设置非常棒——从不出问题!")助阵,再加上两颗红心

标志,成功打造了比百美品牌。1950年,50万美元,第二年增至200万美元,到额高达2000万美元。1955年,弗劳利以将比百美品牌卖给吉列公司——相比当这是一笔相当可观的回报。感谢弗劳利,门的尊重。

笔公司始终专注于钢笔市场(尤其是在),以品质卓越出名,在确保可以生产出无损公司声誉的圆珠笔之前,派克笔公司不愿意推出圆珠笔。1950年,派克笔公司小试牛刀,以人气超高的霍帕隆·卡西迪(Hopalong Cassidy)牛仔为原型,生产出一款造型新奇、售价低廉的圆珠笔。尽管"从生产到销售均由派克笔公司负责",派克笔公司还是坚称"这不是派克圆珠笔"、"派克笔公司不做圆珠笔买卖"。不过,派克笔公司最终还是"缴械投降",大张旗鼓地进军圆珠笔市场。1953年秋天,派克笔公司展开"仓促行动",目标是在"仓促慌乱90天"后,使设计投入生产变为产品。在那之前,公司的设计团队精心准备了好几年。

1954年1月,"派克记事(Parker Jotter)"圆珠笔上市,至

今仍在销售。这款圆珠笔由一支66人的研发小组研发而成，书写时长是同类竞争产品的6倍，分3种粗细（极细、细、粗），最关键的是不漏墨水。每按一次笔端的按压装置，笔尖都会旋转90度，以免笔尖外壳磨损不均。为了保证"派克记事"圆珠笔质量过关，派克笔公司耗尽心力，可仍然担心会出问题，影响公司声誉，因此早期"派克记事"圆珠笔并未采用派克笔经典的"箭状"笔夹。肯尼斯·派克希望，万一这款笔出了问题，人们不会把它跟"派克"品牌联系得太紧密。事实证明他多虑了——这款笔卖得很成功，不到四年就为自己赢得了"箭状"笔夹，迄今已售出超过7.5亿支。

在美国，密尔顿·雷诺兹这类投机取巧之徒严重损害了圆珠笔的形象，英国的情况就没这么糟糕了。1945年，迈尔斯－马丁笔公司在英国首次发售圆珠笔（用的是"比罗"品牌名称），在亨利·马丁和拉斯洛·比罗的合作下，加上有工程学背景的弗雷德雷克·迈尔斯，这批圆珠笔卖得很成功。二战刚刚结束，圆珠笔生产原料稀缺，产量有限，一时间供不应求，零售商每月只能进货25支。迈尔斯－马丁笔公司打出了这样的广告（用词比较特别，不过字字精要）——比罗圆珠笔可以连续书写"六个月，甚至更久，具体情况取决于书写强度"。这款笔可换芯，不过需要去店里换（有些零售商提供邮寄换芯服务——顾客将墨水用光的笔寄回店里，第二天店家将换好笔芯的笔再寄给顾客）。1947年底，英国开始出现其他圆珠笔生产商,两年内,英国就有了五十多家圆珠笔公司。

为了保持领先地位,抢占意义非凡的圣诞节市场,迈尔斯-马丁笔公司推出了一系列新奇产品。其中有"比罗羽毛笔"(Biro-quill),这个招人喜欢的新奇圣诞礼物有六种颜色可选,采用真正的羽毛管,内置比罗笔芯。比罗羽毛笔价格便宜,放在任何房间都能为之添上一抹亮色。还有针对成人消费群体的"比罗Balita"——嵌有打火机的圆珠笔(独一无二的文具类圣诞礼物)。

1952年,迈尔斯·马丁笔公司收购梅比·托德有限公司(天鹅牌钢笔生产商),改名为比罗-天鹅有限公司。同年,亨利·马丁提出诉讼,控告马塞尔·比克侵犯拉斯洛·比罗的专利权。十分讽刺,比克的合伙人让·拉佛蕾斯此前曾控告迈尔斯-马丁笔公司,称其产品侵犯了他1932年申请的专利,可惜诉讼失败。这一次,法院仍然站在马丁这边。初审判决没收比克所有股份。可比克转而与马丁签署了版税协议,同意将售笔收入的6%及换芯收入的10%支付给比罗-天鹅有限公司。1957年,比克公司共收购了比罗-天鹅有限公司47%的股权,直到这时,此前的版税协议才失效。十年后,比克公司收购了比罗-天鹅有限公司剩下的所有股权。1964年,约翰·马丁(亨利·马丁之子)与马塞尔·比克之女卡罗琳成婚,两家公司因此联系更加紧密。借着联姻,马丁与比克两家从此联手,过上了幸福生活。比罗就没有这么幸运了,为解决公司的资金周转问题，同时也为让家人到阿根廷来与他团聚，他不得不签字出让自己在公司的股份。晚年，他在阿根廷的一家造笔厂——森笔（Sylvapen）担任顾问。

至20世纪50年代中期，圆珠笔在美国的销量几乎是钢笔的三倍。圆珠笔如此吃香，一个重要因素在于：用钢笔需要从墨水瓶里吸墨，很麻烦，容易弄得一团糟。圆珠笔既好用又可靠。为了与之抗衡，华特曼公司1954年推出新产品——"华特曼CF（cartridge filled）墨芯墨水笔"，首次使用塑料吸墨管。鹰牌铅笔公司（Eagle Pencil Company）1890年研发的吸墨管使用的是玻璃材质，薄脆易碎。华特曼公司曾在1927年和1936年尝试用玻璃吸墨管，均遇相同问题。直到塑料生产技术提升，塑料吸墨管才得以成功生产。

使用塑料吸墨管变成钢笔的一大优势，可是相较圆珠笔，钢笔还是不够便宜、不够便利。但有些人正喜欢钢笔的这一特点。2012年，英国广播公司（BBC）报道称钢笔销量有所上升，亚马逊公司（Amazon）也表示钢笔销量是前一年的两倍，派克笔公司也为钢笔"复苏"而庆贺。看样子，钢笔要东山再起了。其实，钢笔曾不止一次起死回生：1980年，"钢笔人气强势回升"；1986年，"有钱顾客再度对高价钢笔感兴趣"；1989年，钢笔"走出"持续了几年的"低迷期"，"再次成为珍贵的日常用品"；1992年，钢笔"人气回升"；1993年，人们"又开始对钢笔感兴趣"；1998年，"豪华钢笔强势回归"；2001年，

"人们又再度迷上经典老式钢笔"。

钢笔公司出尽奇招,而我们甚至都不仔细辨别真伪,就被吸引过去了。这也是钢笔回归现象不断重演的一个原因。日子一天天过去,电子邮件日渐普及,而钢笔销量竟然完全不见减退。钢笔销量如此稳定(更别说它偶尔还会飙高),似乎不太寻常。不过,我们总有需要手写的时候,这样的时候越少,我们反而越珍惜。派克笔公司主管欧洲、中东和亚洲办公用品销售的副总裁戈登·斯科特(Gordon Scott)评价最近一次钢笔回归时说:"我们跟钢笔的关系已经变了,从前它只是文具,而现在它变成了一种配饰。"如今,电邮普及,苹果手机遍布,连便宜的钢笔都可以成为身份的象征——不一定象征财富,但是能展现持笔者的品位和优雅。当然了,要是你想炫富,凭钢笔也能做到。

1906年,德国商人阿尔弗雷德·尼希米(Alfred Nehemias)和工程师奥古斯特·艾伯斯坦(August Eberstein)去了一趟美国,对市面上的新款钢笔印象深刻。回国后,他们便联系了汉堡市的文具商克劳斯-约翰尼·沃斯(Claus-Johannes Voss),决心生产自主原创品牌钢笔。两三年后,简便墨水笔公司[1](Simplo Filler Pen Company)便推出了安全墨水笔——"红与黑"。在此之后推出的一款钢笔则以欧洲第一高峰——勃朗峰(Mont Blanc)命名,似乎象征其追求卓越品质与完美

---

1 简便墨水笔公司:万宝龙国际股份有限公司的前身。

工艺的目标。1913年，简便墨水笔公司采用六角白星作为标志，象征勃朗峰的雪岭冠冕。后来公司名字也改为"万宝龙（Mont Blanc）"。

1924年，万宝龙推出第一批大班系列（Meisterstück）钢笔。1952年，大班149系列钢笔上市，笔身采用名贵树脂材质，笔帽上有三道镀金圆环，这三道圆环从未更改，成了大班149钢笔的一大标志性特征。每只万宝龙钢笔的笔尖都镌刻着数字4810——勃朗峰的实际高度[1]。

除了大班系列钢笔，万宝龙还推出了其他的大班系列奢侈品，包括手表、皮具和珠宝。1983年，万宝龙发行"大班极品系列（Meisterstück Solitaire）"[2]，其中包括纯金打造的"大班系列极品149"。1994年，万宝龙的镶钻"大班黄家贵金属系列"钢笔（共镶钻4810颗）单价高达7.5万英镑，成为世上最贵的钢笔，载入《吉尼斯世界纪录》。这一纪录在2007年被万宝龙价值73万美元的"神秘巨匠限量系列"钢笔（万宝龙与梵克雅宝[3]联手打造）打破。一支笔卖73万美元。这个世界太疯狂了！

不过，对很多人而言，这样的奢侈品是想都不敢想的，反而是廉价的圆珠笔更有吸引力。20世纪50年代，圆珠笔越来越受欢迎，于是消费者杂志《哪一个？》（*Which?* ）在1958

1　此处以"米"为计量单位。
2　大班极品系列：大班系列的贵金属版本。
3　梵克雅宝：Van Cleef & Arpels，法国珠宝世家，著名奢侈品品牌。

年用21支主流品牌圆珠笔做了一项测验。杂志指出,"这个测验是为测出这些笔是否漏墨,在不同环境下的表现如何,有多好写,一根替芯能用多久,质量如何。"为了保证公平公正,科学精确,该测试环节设计得十分复杂、科学。

《哪一个?》认为"一只设计出色的笔在高空中也不会漏墨",于是,他们用未增压机舱将21支笔全都送到了15,000英尺的高空,悬停1小时,然后返回地面,这样反复12次之后,得出结论:"这21支笔,不管是笔尖还是笔管内部,都没有任何漏墨迹象。"到目前为止,一切顺利。

为了弄清"如果将笔放在衣服内兜会发生什么情况",他们将这些笔悬在90华氏度的烤箱中(笔尖朝下)12个小时,然后查看漏墨情况。查看完后,又重复上述操作。最后,他们将温度增加至120华氏度——"如果笔在阳光下暴晒,或放在暖气片上的手提包或夹克衫口袋中,差不多会达到这样的温度"。我想,要是想知道把笔放在暖气片上的夹克衫口袋里会不会漏墨,直接把笔放在夹克衫口袋里,再把夹克衫放在暖气片上,不就行了吗?测试结果也更准确吧。可惜,"女王道(Queensway)100"、"女王道125"、"Rolltip Rita活动圆珠笔"和"Rolltip Model 22"圆珠笔在此测试中都出现漏墨现象,因而被该杂志否定,他们认为"在衣袋或手提包中容易漏墨的笔不够理想"。

《哪一个?》还检测了哪个品牌的圆珠笔最好写——相比

笔在15,000英尺高空或在120华氏度烤箱中是否会漏墨,这个测验似乎更有价值。"为了排除人为因素干扰",他们设计了一个十分精巧复杂的书写机器,"在相同条件下,同步使用这些笔书写"。在机器带动下,这些笔会勾画出一个"类似大写字母D,总笔画长度大约达1英里"的轮廓("大约"一词削弱了实验的准确性)。

每个品牌的圆珠笔共测3根替芯(有的测了6根,具体情况不详),"测试用纸逾1000英尺,书写痕迹总长超过130英里。"测试那天,杂志社办公室一定很热闹。当然,这个测试也很有意义,最终发现"所有圆珠笔多多少少都有点漏墨",而且"同一品牌的替芯质量也有优有劣"。就圆珠笔的关键特性来看,"白金Kleenpoint Slim"和"Scripto 250"圆珠笔的性价比最高。

有一支笔肯定能通过《哪一个?》的全部测试,那就是"费舍尔太空笔(Fisher Space Pen)"。一直以来,有个流传甚广的城市神话[1],对比了美国和俄罗斯航空局的办事方法。神话揭秘网站"Snopes"曾引述过20世纪90年代盛传的一封电邮:

今日思想。

早在20世纪60年代,美国与俄罗斯进行太空竞赛。美国国家航空航天局(NASA)遇到一大难题:宇航员需

1　城市神话:很多人相信但实际上并不真实的离奇故事。

要一支能在太空真空条件下书写的笔。为此,美国国家航空航天局大费周折,最终耗资150万美元研发出"太空笔"。也许有人对这支笔还有印象。它曾上市出售,卖得还不错。

俄罗斯也遇到了同样的问题,他们的解决办法是用铅笔。

这个故事意在说明"打破思维定式"十分重要,解决问题的最佳方案往往是最简单的那一种。毋庸置疑,正因此,素有"水平思考之父"之称的爱德华·德·博诺(Edward de Bono)才将这个故事收录进他1999年出版的《新千年,新思维》(*New Thinking for the New Millennuim*)一书中。不过,这个故事完全不可信。

实际上,双子星座3号飞船(发射于1965年3月23日)上的宇航员带上飞船的是铅笔。当时,为了"双子星座"计划,NASA共斥资4,382.50美元订购了34支铅笔(平均每支笔128.84美元——相当于今天的960美元),可最后只带了两支上飞船。这一事件引发了很大争议,为何这些铅笔如此昂贵?NASA的罗伯特·吉尔鲁斯(Robert Gilruth)解释说"实际使用的书写工具是从当地办公用品公司买来的铅笔,每支1.75美元",128.84美元是综合价格,包括了"配套收线盘、底座板、铅笔护盖"所需的钱。总不能直接带着店里买来的普通铅笔上飞船吧，收线盘、底座板、铅笔护盖显然必不可少。

早先在"水星计划"中，宇航员曾使用油笔，但是这种笔"不理想"，因为"宇航员带着笨重的手套，用油笔十分不便"，也无法防止其"飘走"，有可能卡进关键设备中。为了防止铅笔飘走，"最初用的是服务员或从事文书工作的人常用的那种内置弹簧的活动铅笔"，每支只要1.75美元。可惜，"测试表明，这种笔运用了重力作用，在失重环境下无法使用。"所以，为了设计、制造、测试并限量生产能在太空中用的铅笔，才导致每支笔耗资128.84美元。吉尔鲁斯解释说："如果这种笔批量生产，普通办公人员都能用得上，那么这种笔的单价就会低得多。"

不管怎么说，在零重力环境中，铅笔实在算不上理想的选择。铅笔尖易断，飘进敏感仪器中会导致设备故障，还容易飘进宇航员的眼中。用墨水笔会好得多。所以，不能说NASA舍近求远，放着简单的方法不用，非要用复杂的办法。不过，也不能说NASA耗资上百万美元造出了太空笔。

因为开发太空笔的钱根本不是NASA出的。太空笔是发明家保罗·C.费舍尔（Paul C. Fisher）自费研发出来的产品。二战期间，费舍尔在一家为飞机螺旋桨生产滚珠的工厂上班。或许正因为这样，他了解到：生产圆珠笔所用的精巧金属滚珠是一项十分精细的工程。二战结束后，他生产出一种"通用笔芯"，适用于所有类型的圆珠笔。在那之前，不同圆珠笔生产商销售不同的笔芯，专用于同款圆珠笔。"这种情况弊端很多，给消费者和经销商都造成很大不便"，费舍尔在其1958年提交的专利申请中解释道："没有经销商会备齐所有款式圆珠笔的替芯存货。消费者往往要跑很多家零售店，才能找到适合其圆珠笔款式的替芯。"不过，费舍尔可不仅仅想解决美国的圆珠笔消费者面临的问题。

1960年，保罗·C. 费舍尔同约翰·F. 肯尼迪（John F. Kennedy）竞选美国总统。预备选举在新罕布什尔州的新罕布什尔大学举行，保罗·费舍尔在肯尼迪主持的群众大会上，"翻越新闻记者席"，上台要求得到同样长的发言时间。肯尼迪同意了他的要求，不屑一顾地说："宪法规定，总统必须是美国人——在美国出生的公民，而且要达到35周岁。这些条件我跟费舍尔先生倒是一样符合。"肯尼迪胜出。

竞选总统失败后，费舍尔又将精力放回圆珠笔上。1962年，他的对手（肯尼迪）向美国人保证，将在十年内完成登月目标。毫无疑问，费舍尔是受此启发，才着手研发"无重力笔"。他自掏腰包，花费一百多万美元，发明出了"能在外太空书写，能在任意角度下书写，甚至可以倒着写"的密封式气压笔芯。费舍尔把笔芯寄到美国航空航天局接受测试，竟然通过了各项严格测试，完全符合要求。事实上，美国航空航天局对这款笔芯的表现并无意见，他们觉得不妥的是费舍尔的市场营销材料——费舍尔提交了一份广告草案副本，宣称这支笔"由保罗·费舍尔为美国太空计划研发"。航空航天局建议将这句话改为"由费舍尔研发，可用在美国太空计划中"。

草案副本中还说费舍尔太空笔"是唯一能在外太空失重的真空条件下书写的笔"。实际上，纤维笔在外太空也能用，所以美国航空航天局建议他将这句话改成"是唯一能在外太空失重的真空条件下书写的圆珠笔"。虽然发生了这些小分歧，在阿波罗计划期间，美国航空航天局还是以每支4至6美元的价格向费舍尔定购了几百支太空笔。费舍尔终于可以理直气壮地说他的笔是美国宇航员在太空使用的笔了。

尽管价格不高，可即使在美苏太空竞赛白热化之际，美国国家航空航天局也没有购入太多太空笔。所幸，太空笔还吸引了一大批近期并无登月计划的消费者。在《宋飞传》（Seinfeld）的《笔》这一集中，杰瑞（Jerry）看到杰克·克劳普斯（Jack Klompus）用太空笔，十分感兴趣，便问杰克是什么笔，对方答道："这支吗？这是宇航员在太空用的笔，倒着也能写出字来。""我经常在床上写东西"，杰瑞说，"每次都得趴在那，支着胳膊写，不然笔不出墨。"从杰瑞的话就可以看出，就算你不在外太空，一支倒着也能出墨的笔还是很有优势的（虽然我这么说，但我不确定在外太空有没有"倒着"这一说法）。不过，当杰克要把笔给杰瑞的时候，杰瑞不该要。费舍尔太空笔"在哪都能用——零下45摄氏度极寒环境中、120摄氏度高温条件下、失重的真空环境中、水下、有油的表面,甚至倒着也能写!""甚至倒着也能写"这句话令我十分困惑。前文说,这支笔在温差高达165度的环境中都能用,后面则说躺着也能在笔记本上写字,躺在床上写字也能算一种极端情况吗?

整个20世纪50年代,圆珠笔发展势头强劲,故而不少人开始关注一个问题:发明圆珠笔是为了用来写字,那么圆珠笔书写效果如何?1955年,约翰·邓普尔顿(John Le F. Dumpleton)在《自学书写》(*Teach Yourself Handwriting*)一书中写道:

> 从书写角度看,(圆珠笔)最大的缺陷是它的针尖式笔尖,所写笔画不见粗细变化。再者,笔尖太滑,书写技法无处施展。尽管如此,若要求不甚严格,经验老到之人还是能写出令人满意的字体效果来的。

关键似乎在于持笔姿势。派克笔推出圆珠笔时,在用法说明中建议"书写时使笔与纸面形成的角度大于用钢笔时的角度",以"获得更佳的书写效果,延长圆珠笔使用寿命"。用传统的钢笔写字时,笔与纸面最好呈45度角。而圆珠笔笔尖滚珠外有壳,因此写字时笔要握得更直。有人认为,圆珠笔写出的笔画粗细不变,抹杀了书写者的写字风格。为反驳这一言论,比罗笔公司在1951年的英国产业博览交易会上请来了"书法专家"弗兰克·德里诺（Frank Delino）：

> 11天内，德里诺见了680个人，从他们用比罗笔写下的字迹中，读出了他们的性格。几乎所有"求诊者"都不得不承认他读得分毫无差。关于这个故事，就讲这么多。

德里诺是笔相学——通过分析笔迹解读书写者性格——的拥趸者之一。新闻短片镜头中，他从演员希拉·西姆（Sheila Sim）的签名中看出她"很有艺术天赋"，而从格雷西·菲尔德斯（Gracie Fields）的签名中看出她"性格果断"，画外音说"在德里诺看来，笔相学是一种科学，也是一门生意。"主要还是生意。

根据希拉·西姆和格雷西·菲尔德斯的签名解读他们的性格，德雷诺是有优势的：他可能已经知道他们的身份，分析时有所依据。笔相家如果知道解读对象是什么人，解读时显然会受影响。2005年，在达沃斯世界经济论坛期间，《每日镜报》的一名记者得到一些笔记和涂鸦，让英国笔相家协会的伊莱恩·奎格利（Elaine Quigley）据此解读托尼·布莱尔（Tony Blair）。伊莱恩·奎格利说："他想集中精力，可思绪不定。不过他知道自己能及时弄清问题原委。这就是铁氟龙[1]托尼。"

---

1 铁氟龙：Teflon，一种不粘锅材料，也是对名人尤其是政客的昵称，表现其某些特征。

《泰晤士报》则刊登了另一名笔相家作出的解读，称这些涂鸦表明布莱尔"攻击性强，情绪不稳定，承受着巨大压力"。几天后，真相浮出水面，这些笔记涂鸦并非出自托尼·布莱尔之手，而是来自比尔·盖茨（Bill Gates）。对此，政府发言人表示，"我们十分惊讶，他们竟无一人想到要来首相府邸，问明那些涂鸦是否真是布莱尔先生的笔迹。更别说，这些笔迹跟首相的笔迹天差地别。"

那么，如果笔相学是伪科学（肯定是），我们就无法从一个人的笔迹看透他的性格吗？也许仍有迹可循，不过不是笔相学说的什么"弧度大""笔画上扬"这些说法，而是根据更加明显的特点：用墨颜色。金斯利·艾米斯（Kinsley Amis）1954年出版的《幸运儿吉姆》中，吉姆·迪克逊（Jim Dixon）曾收到一封信，那张"从笔记本上匆匆扯下的一张纸上，用绿色的墨水笔涂了几行潦潦草草的字。"尽管这张纸是从笔记本上"匆匆扯下"的，也就是说笔也可能是随手拿的，但是墨水的颜色似乎暗示着写信人不是什么光彩的人物（后文中交代写信人是剽窃者L.S.凯顿）。绿色的墨水暗示着古怪与反常，这一联系在卡尔·萨根（Carl Sagan）1973年出版的《宇宙联系》中体现得更为明显。萨根在书中描述了自己收到的一封信：

> 渥太华一家精神病院的一位绅士给我寄了封信，整整85页的手写信，用的是绿色圆珠笔。我曾发表过一篇

报告，认为外星有生命体。他在当地的报纸上看到了我的报告。他写信来，是为了告诉我，他以个人经历保证，我的设想绝对正确。

很快，"绿墨族"这个说法就诞生了，用来形容那些写冗长晦涩的信给记者或政客，解释古怪理论或揭露阴谋论的人。绿色墨水与偏执妄想的阴谋论者紧密相关，而军情六处首任局长曼斯菲尔德·卡明（Mansfield Cumming）出了名地爱用绿色墨水，这实在太讽刺了。卡明在信末签名时，都用绿色的墨水写其姓氏首字母C——这个传统一直保持，现任局长约翰·索厄爵士（Sir John Sawwer）仍沿用此做法。

圆珠笔与钢笔用的都是染料型墨水，因此墨水可用颜色有限。圆珠笔用的是黏稠的油基墨水——质地浓稠呈浆糊状，可防止笔倒置时墨水从换气口流出，不过也因此无法生产出别的颜色。钢笔用的是较稀的水状墨水，如果用含染料悬浮颗粒的染料墨水，笔管会被堵住。

远古时期，古埃及人将烟灰与胶水混合，再加入水、树胶或蜂蜡，制成墨水。加入赭石可调制出红色墨水。在中国，人们将煤烟灰磨成细粉，与动物胶混合，制成墨条。要用墨水时，墨条一端蘸水，在砚台中垂直打圈研磨，化成墨水。印度人则将骨头、沥青烧成炭黑，然后与水、虫胶清漆混合，制出一种叫"玛西（masi）"的材料。

公元79年，作家老普林尼（Pliny the Elder）在《自然史》（*Naturalis Historia*）中描述了黑色颜料的制造过程：

> 燃烧树脂或沥青得到烟灰，可以生产出黑色颜料，因此许多工厂不会将烟排放到空气中去。最高级的黑色颜料由松脂制成。
>
> 制黑色颜料的最后一步是将颜料置于阳光下。用于制墨的黑色颜料中混入树胶，而用于涂墙的黑色颜料中则加入胶水。

人们用木蓝来调制靛青色。5世纪左右开始，人们普遍使用鞣酸铁墨水。这种墨水由鞣酸加铁盐制成，刚写出来的笔迹颜色非常浅，时间越久，颜色越深。直到19世纪，人们一直都在用这种墨水。不过，这种墨水中含腐蚀性成分，致使纸张日渐受损，最终破碎。因此，鞣酸铁墨水不可用于钢笔，因为它会腐蚀钢笔内管，人们需要找到新的制墨配方。

1963年，日本OHTO笔公司研发出宝珠笔：其他厂家的圆珠笔使用油基墨水而宝珠笔使用的是水基墨水——这种墨水质地稀薄，笔尖滚珠在纸上滚动十分轻松，所以宝珠笔十分好写，这也是该笔名为"宝珠"笔的原因。其他厂家纷纷效仿。用水基墨水意味着可以利用水溶性染料制造出多种颜色的墨水。樱花彩色笔公司（Sakura Colour Product Corporation）

热切想要造出类似的笔，但是，它意识到自己已经远远落后于竞争对手，便决定放弃跟风，转而推出自主研发的中性墨水。樱花彩色笔公司的研究团队研究了触变性材料——静态时凝胶极其黏稠，一旦剪切力发生变化，就变得稀薄，流动性增强。经过数年艰苦研究（实验了大量材料，甚至包括蛋清、磨碎的甘薯），该团队终于研制出了兼具油基墨水与水基墨水特性的墨水，并于1982年申请专利。他们发明的中性墨水中能够加入固体颜料，加入铝粉和毛玻璃粉还可以使所写笔画具金属亮彩。这样一来，这种墨水便可调制成多种颜色——如今，樱花星座亮彩笔系列下设"月光"系列、"星尘"系列、"金属光泽"系列、"经典"系列，共有74种颜色和彩晕效果可供选择。

尽管选择众多，我还是偏爱简简单单的白纸黑字，它能让我的文字有种威信，我一向欠缺这种威信。

第三章
我谈了场恋爱,不过对象是张纸

我书桌后面放着一只索引卡盒，盒上饰有橙色和乳白色（维洛斯85，购于易贝[1]）。盒子旁边摞着3本黑色小笔记本，内页上都是我随手记下的笔记、信笔乱画的涂鸦、潦草记下的灵感，还有些提示。我大概不会再去看这些内容了（就算看，多半看不懂当时写的是什么），可我还是把这些本子保存着。这些本子当然是鼹鼠皮（Moleskine）品牌的，除了鼹鼠皮，也没什么本子能让人有这么大反应了。这一点毋庸置疑。爱用鼹鼠皮笔记本的人对这个黑色的小笔记本有着近乎宗教信仰般的热忱。不过，也有人对此嗤之以鼻，认为用这种本子的人很做作；全世界，不管在哪座城市，总有人坐在附庸风雅的咖啡馆里，用着这个招摇的本子，显得自己富有创造力似的。鼹鼠皮笔记本，苹果笔记本电脑，白咖啡。

每一本鼹鼠皮笔记本都内附一本小册子，详细交代品牌历史。鼹鼠皮是一本大名鼎鼎的笔记本的继承者，文森特·梵高（Vincent van Gogh）、巴勃罗·毕加索（Pablo Picasso）、厄内斯特·海明威（Ernest Hemingway）和布鲁斯·查特文（Bruce Chatwin）都爱用这个品牌的笔记本。注意，这里用的词是"继承者"，梵高、毕加索、海明威和查特文用的并非鼹鼠皮笔记本，只是与之相似而已。

设计简约的黑色圆角矩形笔记本，有绑带，内附折

1　易贝：即eBay，又译作亿贝。——译者注

叠式储物袋：完美无缺的无名之辈。

"鼹鼠皮"这个品牌名源自英国旅行作家布鲁斯·查特文的《歌之版图》(*Songlines*)。书里说得很清楚，他对巴黎老戏剧院街上"文具盒(Papeterie)"店里卖的"鼹鼠皮笔记本"情有独钟（这里的"鼹鼠皮"指的是笔记本的黑色油布封面）。查特文写道："笔记本纸张呈矩形，绑带将环衬页固定得很妥帖。"

1986年，查特文要离开巴黎前往澳大利亚，临行前，他去了趟"文具盒"，想买点笔记本在旅途中用。店主告诉他，这种笔记本越来越难订到，之前的供货商已经很久没有给她回信了。1968年，有着亿万身家的实业家霍华德·休(Howard Hugh)听说巴斯金·罗彬斯冰淇淋要停产他最爱的香蕉坚果口味冰淇淋，便一下子买了1500升制作这种冰淇淋的原料（几天后，他又喜欢上了法式香草口味，他住的那家酒店——在他名下——只好把香蕉坚果冰淇淋送给顾客，用了一年多才送完）。无独有偶，听说心爱的笔记本濒临停产，查特文决定一次性买100本囤着。"一百本够我用一辈子了，"他在书中写道。可惜，他没有休斯那么好运，来迟了一步。那天下午，查特文返回"文具盒"看笔记本有没有到货。"我跟店主约了下午5点见面，去了之后，她告诉我说供应商已经去世了，供应商的继承人把作坊卖了。她摘下眼镜，以近乎哀悼的口吻说'再也没有真正的鼹鼠皮了(Le vrai moleskine n'est plus)'"。再也没有真正的鼹鼠皮了。

远在查特文之前，甚至远在法国出现之前，人们就已有在碎纸片上记东西的习惯。纸还没有发明出来的时候，人们用纸莎草纸。纸莎草学名为 Cyperus papyrus，一般生长于浅水区，草茎呈三角棱柱状，高约4.5米，宽约0.6米。公元前3世纪左右，人们开始用纸莎草茎制造书写材料，因而称之为"纸莎草纸"。

老普林尼在《自然史》一书中介绍了埃及人制造纸莎草纸的工艺。首先，将草茎劈成片（"注意，每片宽度应大致相同"），然后将劈好的片放在事先"抹了尼罗河水"的平面上，"泥浆状的尼罗河水具有胶水的特性"。先纵向排放，裁去两端多余部分，然后再用草茎片横向穿插在刚才那层中。全部放完后，将其压制成一体，然后在日光下晾干。待其变成一个整体后，由好至次取用，直到用完为止。

连续几千年，纸莎草纸一直是最重要的书写材料，直到公元前190年。公元前190年的某一天，帕加马国王欧迈尼斯二世与埃及国王托密勒五世产生争端，于是埃及不再向帕加马出口纸莎草纸。老普林尼在书中写道："正是在这段时期，人们发明了羊皮纸（parchment）。"事实上，早于当时几百年前，人们就已发明出羊皮纸，只是这一时期，羊皮纸制造工艺在帕加马得以改良。"羊皮纸"名称来源于帕加马的拉丁文名"pergamenum"。羊皮纸原材料取自动物的皮，最常见的是小牛皮、绵羊皮或山羊皮。动物皮取下后用石灰水清洗，除去毛发，然后置于木框中进行拉伸。残余毛发用刀除去即可，然后将皮留在木框中晾干。最好的羊皮纸使用小牛犊的皮制成，叫"犊皮纸"（vellum，取自表示小牛犊的拉丁文单词"vitulinum"）。

相比纸莎草纸，羊皮纸和犊皮纸优势多多。埃及气候干燥，在这种气候条件下，纸莎草纸相对耐用。可一旦到了稍微湿润些的地方，例如西欧那种气候，纸莎草纸很容易损坏。此外，纸莎草纸只有一面可供书写，而羊皮纸可双面书写，更加耐用——实际上，羊皮纸上的字可以洗掉，可反复使用的羊皮纸又叫"重写本"（palimpsest），这个词来自古希腊词汇 palimpsestos，意为"重新擦干净"。羊皮纸，尤其是上好的犊皮纸，表面都比纸莎草纸光滑平整，在上面写出来的字更加精致，尤其是用羽毛笔写的时候。尽管如此，还是有人反对普及羊皮纸——罗马内科医生克劳迪乌斯·盖伦（Claudius Galenus）估计就抱怨过羊皮纸表面光得发亮，伤眼。真是娇气——要是给他用您此刻正在看的这种纸张，这个可怜鬼肯定都要瞎了。不管怎样，羊皮纸还是不断普及，到4世纪中期，纸莎草纸的主导地位已经岌岌可危。

当初，"文具盒"店停售鼹鼠皮笔记本，查特文颇为失落。十年后，鼹鼠皮又重生了。米兰一家小出版公司 Modo&Modo 决定让这个"传奇一样的笔记本"重获新生。鼹鼠皮的名字没有改，Modo&Modo希望保持其"纯正血统"，"复活一个出色的传统"。首批产量5000本，仅供给意大利的文具商。几年后，销售范围覆盖整个欧洲及美国。如今，鼹鼠皮已成为国际知名品牌。2006年，SG资本公司投资450万英镑收购Modo&Modo出版公司，"立志全面挖掘鼹鼠皮品牌的发展潜力"，2013年，该公司在证券交易所上市，公司价值已达4300万欧元。

曾经的"无名之辈"就这么成了国际名牌，鼹鼠皮的品牌指导方针和在线商标使用规则也同样出名。该公司官网指出，他们"很乐意"让"所有能从鼹鼠皮这个名字中找到归属感的人"使用这个商标名，可是他们不能让人随意使用"鼹鼠皮这个名字背后的故事和特性"，以及"伴随这个商标名多年的传统"，也就是说，"任何人想用其商标名都需要经过他们的严格审查"。该公司要求，任何人要想在线使用"鼹鼠皮这个名字或商标"，都必须直接向公司提出请求（我们会慎重考虑每个请求，并给出准确答复）。公司禁止人们将"鼹鼠皮"（MOLESKINE）商标用作"'笔记本'、'记事本'、'日程本等非注册商标名称的代名词"。

SG资本公司巧妙地借用"鼹鼠皮"这个名字，又扯上了背后说不清道不明的历史联系，这一市场营销策略十分成功，鼹鼠皮品牌在国际上声名大噪。同类文具品牌纷纷跟风，也想用同样的招数分一杯羹。因此，鼹鼠皮才坐立不安，不想让人用鼹鼠皮来代指"非注册商标名称"吧。不过，如果鼹鼠皮背后所谓的历史并不足信，那么它还有什么特别之处呢？该公司可能会说他们的鼹鼠皮笔记本品质优良，同类竞争产品难以与之相提并论，如其所称，"鼹鼠皮笔记本品质卓越，量身打造，独具质感，批量生产的笔记本难以超越。"

鼹鼠皮笔记本一直以来都深受文具控的青睐，但近来，英国推出"灯塔1917"（Leuchtturm 1917），鼹鼠皮的地位岌岌可危。从名字就可看出，灯塔笔记本公司成立于1917年，不过，直到2011年，卡罗琳·韦伯尔（Carolynne Wyper）和特雷西·肖特尼斯（Tracy Schotness）将这个品牌引入英国，灯塔笔记本才开始出现在英国市面上。

鼹鼠皮笔记本手工装订，采用无酸纸张，灯塔1917笔记本采用"防洇墨纸张"，这是其价格高出一般笔记本的理由吗？再说，高街上的文具商都生产出了自己的moleskine（小写m，区别于鼹鼠皮笔记本用的大写M）品牌笔记本。消费者对这些细节究竟有多敏感？当初，SG资本公司收购鼹鼠皮品牌时，发生一件挺有意思的事。他们在笔记本包装上作了小小的改动，加了一句说明：

中国装订印刷。

这个出产地说明一出现，消费者纷纷认为鼹鼠皮的生产挪到了中国。实际上，从第一批鼹鼠皮笔记本开始，产地就一直是中国，只是没有在产品注明罢了。SG资本公司收购前后，鼹鼠皮笔记本都一个样。可在鼹鼠皮官网留言板和粉丝网上，有人开始指出，鼹鼠皮品质不如从前了，可哪里不如从前了呢？他们说不上来：

> 自从鼹鼠皮产地搬到中国之后……每一本都跟以前不太一样了。好像封面感觉不一样了，好像装订没以前松了，味道闻起来好像有点怪什么的。

有些人无意之中做出了跟查特文一样的举动，想大量囤积"真正的"鼹鼠皮笔记本（一发现鼹鼠皮笔记本生产挪到了中国，我就赶紧去附近的博德斯书店，买了一些非中国产的鼹鼠皮笔记本囤着）。我们对笔记本质量的主观臆想是不是典型的安慰剂效应？就因为它是意大利工匠手工打造的，我们就认为它比所有同类品牌都好？而它变成在中国批量生产的笔记本，我们立刻就往坏处想？真是讽刺，人们觉得"中国制造"就意味着质量差，却忘了中国才是造纸术的发源地，造纸工艺领先世界好几百年。

如今，人们都认为造纸术由蔡伦发明。是，埃及人发明了纸莎草纸这种书写材料，"纸"（paper）一词也来源于此，可是此纸（纸莎草纸）非彼纸。生产纸莎草纸时，埃及人将植物交错叠放，压制成一张纸。而蔡伦造纸是将"纤维材料泡软，直到植物纤维完全散开"。

蔡伦是东汉汉和帝时期的一名太监。公元89年，蔡伦晋升，掌管武器研发事务。工作中，他发现有必要造出便宜的书写材料。据《后汉书·蔡伦传》（公元5世纪著）记载，"自古书契多编以竹简，其用缣帛者谓之为纸。缣贵而简重，并不便于人。伦乃造意，用树肤、麻头及敝布、鱼网以为纸。"汉和帝为此赏赐了他。公元114年，蔡伦封侯。公元105年，汉和帝驾崩，邓皇后临朝称制。公元121年，邓皇后逝世，汉和帝的侄子汉安帝执掌政权，为巩固朝政，将汉和帝的很多谋臣移出权力中心。面临囹圄之灾的蔡伦"乃沐浴整衣冠，饮药而死"。

一直以来，人们都认为是蔡伦发明了造纸术。可是，2006年，中国甘肃出土了一些公元前8世纪左右的纸片，纸上写有文字。这些纸片的历史比蔡伦造纸早了整整八百多年。敦煌市博物馆馆长傅立诚称，这些纸片的制造工艺已"相当成熟"，表明这种材料在那时之前已经使用了一段时间。尽管如此，傅立诚还是认为，不能以此抹杀蔡伦的功绩，蔡伦完善造纸术，使之系统科学化，确定了造纸的工艺，这一贡献是无与伦比的。

蔡伦到底是造纸术的原创者，还是仅仅完善了已存在几百年的造纸技术，这一点我们暂且按下不表。有了蔡伦造纸术，中国文化获益匪浅。纸张不仅仅可供书写，传递知识，还有很多别的用途：装饰艺术、企业管理与信贷、家居装饰以及卫生清洁（6世纪左右，卫生纸普及）。蔡伦造纸术的详细步骤我们无从知晓，但肯定包括煮软树皮或布料这一步。煮软后加水，用棒槌捣击，或者用研钵捣捶，制成纸浆。然后，把纸浆捞出来，平铺在篾席上过滤水分，形成纸膜，晾干。最后，用石头打磨晾干的纸面，使之光滑，便于书写。随着造纸工艺不断完善，人们直接用篾席从缸中捞出纸浆，不再用手去捞纸浆。不过，基本工序没什么变化。

随着中国与阿拉伯国家的贸易往来增加，阿拉伯国家知道了纸的存在（"纸"在阿拉伯语中为"kāghid"，可能源自中文词"谷纸"，意为纸由谷树制成）。公元751年，中国在怛罗斯之战中败给阿拉伯，两个造纸工沦为战俘，为了自由，他们被迫交代了造纸工艺。这个故事也许不可全信，但不管怎样，怛罗斯之战后，撒马尔罕确实出现了造纸术。公元794年，第二家造纸厂建于巴格达。到9世纪，造纸工艺已经传到大马士革[1]和的黎波里[2]，由此，造纸术逐渐传遍整个阿拉伯世界。10世纪，菲斯成为造纸中心，据传，造纸工艺也是从这里传到了欧洲。1150年，欧洲的第一家造纸厂诞生于西班牙克萨蒂瓦。由此看来，一位英国作家在法国买到了鼹鼠皮笔

1　大马士革：叙利亚首都。
2　的黎波里：利比亚首都和最大城市。

记本,在其停产后十分怀念,而一家意大利公司基于此生产出了同名笔记本,这些笔记本由中国制造会导致质量下降?这个想法未免有失偏颇吧。

我的鼹鼠皮笔记本上都是些信手写下的笔记涂鸦,当中有些内容,现在已经完全看不懂了。开头几页纸上,笔迹尚显犹豫慎重,似乎写的时候很紧张,考虑再三才下笔。新买的笔记本总是让人有点紧张,总要用一段时间才慢慢放松下来,才觉得写错了涂涂抹抹也没事。这能不能算鼹鼠皮价格偏高造成的弊端?鼹鼠皮笔记本越贵,你就越想用它记些比较特别的事情,好对得起这个价钱。牛津大学图书馆里还收藏着布鲁斯·查特文当年用的那些最原始的鼹鼠皮笔记本。那些笔记本里确实记着他的写作笔记,也有些《星期日泰晤士报》的文章,不过也有"伊丽莎白·查特文写的购物清单、家常杂务还有菜谱"。既然查特文可以用鼹鼠皮笔记本记购物清单,那我也可以在我的鼹鼠皮笔记本里写这些东西。没必要太拘谨。

既然鼹鼠皮笔记本太贵,用它我会紧张,我或许该另寻他物,用那种廉价的笔记本。亮黄色的希尔维恩备忘簿比素黑色的鼹鼠皮笔记本亲切得多。这种窄窄的笔记本纸质较差,跟鼹鼠皮完全是两个极端——廉价,用完即弃,订书针装订而非手工线装,随便哪个路边报亭或便民店里都有的卖。尽管如此,鼹鼠皮笔记本的品牌历史(多半虚构)是精心构思出来的，而希尔维恩品牌的历史故事却是真实存在的。

威廉·辛克莱（William Sinclair）1816年出生于约克郡奥特利镇，曾跟威廉·沃克（William Walker）一起做学徒，学习印刷和书籍装订，直到1837年，他在奥特利集镇附近的韦瑟比创业，可1854年又重回奥特利。奥特利集镇的印刷业欣欣向荣，1858年，沃夫德尔印刷机（最早的圆筒状印刷机之一）问世，奥特利的印刷业更是如日中天。1865年，威廉·辛克莱离世，两个儿子继承产业。就这样世代相传，到如今，已经传了六代。1901年，他们注册了希尔维恩商标，如今希尔维恩旗下产品不下三百多种。20世纪20年代，希尔维系列推出亮黄色备忘簿、收支簿和练习簿，至今仍在销售。

若非19世纪的造纸技术进步，根本不可能有辛克莱家族生产出的这种用完即弃的廉价笔记本。继蔡伦造纸术之后，造纸工艺几乎一直止步不前。13世纪，人们开始使用水磨作坊，大大减少了将造纸原料（通常为麻布或其他破布）制成纸浆所需的人力。可是，每造一张纸就需要用篾席捞一次浆，这项工作十分耗时——理查德·贺林（Richard Herring，不是那个喜剧演员）在其1855年出版的《纸张与造纸》（*Paper and Papermaking*）描述了一张"博物馆纸"（Antiquarian paper，尺寸为53英寸×31英寸的纸）是如何制成的：

造一张纸就需要非常多的纸浆，即使借助轮滑将模具抬出纸浆缸，也仍需要至少九个人才能抬出篾席。

造纸是项体力活，需要耗费大量人力。实业家们对此有诸多不满，不断寻求办法，试图用机械代替人力。1790年，法国工程师路易斯－尼古拉斯·罗伯特（Louis-Nicolas Robert）来到法国埃松省的迪多造纸厂工作，发现造纸需要如此大的人力投入，很不满意，设法发明出一种机械来代替人力。

数月后，他把自己的计划拿给厂主皮埃尔－弗朗索瓦·迪多（Pierre-Francois Didot）看，迪多坦言他的计划"不靠谱"，不过仍然鼓励他继续努力。罗伯特照着自己的设想做了一个机械样本，结果根本用不起来。尽管罗伯特出师不利，迪多还是很相信罗伯特。不过，迪多认为他的精力还是用在别处比较好，于是把他调到了别的岗位。随后六个月，罗伯特暂调去磨坊工作。虽然这段时间，迪多强行中断过罗伯特的实验，但最终还是鼓励他再试一次，还找来一些技术人员帮他。他们做了一个微缩版样本（"比鸟的器官大不了多少"），十分满意，于是制造出了一台大一点的样本，能够生产24英寸大的纸张（适用于裁成流行的哥伦比尔裁尺寸纸张）。罗伯特拿了两张给弗朗索瓦的儿子圣·莱热（Saint-Leger）看，给他留下了深刻印象。次日，圣·莱热就跟他一起去巴黎，为这项新发明申请了专利。

以前，一个线框只能制出一张纸，而罗伯特发明的机器自带连续网环。旋转圆筒将纸浆倒在网上，网环不断向前拖，水得以过滤，滴进下方水缸中。纸浆接着通过覆毡滚筒下，进一步挤压剩余水分，制造出滚筒等宽而"长度超长"的纸张。罗伯特记载道，"这个机器，儿童都会操作。"

迪多家族曾给予罗伯特鼓励与帮助，可他们最终还是闹翻了。罗伯特以2.5万旧法郎（相当于现在的4万英镑）的价格把专利卖给迪多家族，分期付款。可是，1801年，迪多家族逾期付款，罗伯特收回了自己的专利。法国大革命后，这个发明就没什么进展了。1799年，圣-莱热·迪多给约翰·甘布尔（John Gamble）写信，咨询这种机器在英国是否有发展空间。甘布尔联系了伦敦的文具商亨利·福德利尼尔（Henry Fourdrinier）和西利·福德利尼尔（Sealy Fourdrinier），他们对这个机器很感兴趣。在技师布莱恩·唐金（Bryan Donkin）的帮助下，他们改良了罗伯特的设计，制造出一款新机器。此后六年，亨利和西利投资6万英镑（相当于现在的580万英镑），跟唐金一起全面完善了这款机器。可惜，他们的专利申请出了问题，这款机器设计很快被人盗用抄袭，他们的一番心血全都付诸东流。

现代造纸机虽然在纸张干燥和打磨上与福德利尼尔造纸机不同，但基本工作原理相同。福德利尼尔造纸机生产出来的纸张虽然有脱水过程，但纸张切割后仍需悬挂晾干。而现在造纸机多了一道工序，纸张在滚筒上时会经过烘缸作烘干处理，烘干后的纸张经过两个压光滚筒，变得平整光滑，厚薄均匀。

人们在改进福德利尼尔造纸机时，并未改变纸浆，用的原料仍是破布。很快，破布就供不应求了。截至19世纪末，英国一年用于造纸的破布总量高达12万吨，其中四分之三依靠进口（主要从意大利和德国进口）。寻找新原料的任务迫在眉睫。

1801年，马赛厄斯·库普斯（Matthias Koops）写了一本书，书名非常"壮观"——《关于从远古时期到纸的发明期间用于记录事件、传播思想的材料的历史叙述》（*Historical Account of the Substances Which Have Been Used to Describe Events, and to Convey Ideas from the Earliest Date to the Invention of Paper*）。当时，大多数书籍用的仍是由破布纸浆制成的纸，而库普斯这本书用的纸是由稻草制成的。不过，书的最后几页纸用的原料不是稻草，库普斯在书末附录中注明：

> 下文用纸全由木材制成，本土出产，不含以前用于造纸的任何破布、废纸、树皮、稻草或其他植物材料；如有必要，可提供大量实证。

同年，库普斯为其"利用稻草、干草、蓟草、废麻布、各种木材及树皮制造，用于印刷及其他用途的纸"这一方法申请专利。根据库普斯的办法，需要先将木材刨成木屑，浸于石灰水中，加入结晶碳酸钠煮沸，然后洗涤混合物，再次煮沸。在最终制成纸张之前，用"常见的造纸步骤"挤压掉多余水分。库普斯还补充了一点，"有时候，先让材料发酵几天，加热，然后再制成纸浆，这样制纸浆更加容易。"尽管马赛厄斯·库普斯在造纸原料中列出了木材，但发现木材可用于造纸的人并不是他，甚至不是人类，而是黄蜂。

1719年，法国科学家瑞尼·瑞欧莫（René Antoine Ferchault de Réaumur）发现黄蜂筑巢所用材料与纸十分相近：

> 美国黄蜂能造出优良的纸张，跟人类造出的纸张一样；它们从居住地附近的树木中抽取纤维。它们教会我们，可以用植物纤维造纸，不需要用麻布或其他废布，好像在邀请我们也尝试一下，看看我们人类能否用特定木材制造出精美优质的纸张。如果我们能找到跟美国黄蜂造纸所用树木类似的木材，我们就可以造出更白的纸，因为这种材料本身非常白。将黄蜂用的那种纤维捣烂成浆糊，可以用来制造出非常出色的纸张。

瑞欧莫也指出，"我们造纸用的废布成本太高，而且造纸商也都清楚，这种原料越来越难找了"。瑞欧莫虽有以上发现，但也仅仅止步于此。

后来，有些人尝试用不同材料造纸，也曾注意到瑞欧莫的发现，但最终只有库普斯真正把瑞欧莫提出的概念变成了现实。可惜，事实证明，这项实验也让他付出了惨痛的代价。库普斯及其投资人斥资4.5万英镑（相当于现在的280万英镑）建了一所大型造纸厂，工厂所在地即后来声名远扬的伦敦米尔班克。这个造纸厂成功地用稻草和其他材料造出了纸张，可还是没能收回成本，最终倒闭。1802年12月，工人联名写信给股东，告诉他们造纸厂关闭后，"大量纸张在缸房中慢慢腐烂，缸里的纸浆也在腐烂"，还说"我们应该感到欣慰，因为你们决定遣散我们只是我们运气不佳，而不是因为我们犯了错。"他们遭受如此待遇，信末签名却是"苦恼但依然无比顺从的雇工"，其隐忍令人钦佩。此后几十年，谁也没能成功地用木材造纸；几十年过后，一下出现了两个。

1821年，查尔斯·芬那提（Charles Fenerty）出生于加拿大新斯科舍省。查尔斯家在加拿大林地有个木材厂，他从小就在锯木坊工作，帮工人在附近的森林里伐木。19世纪二三十年代，加拿大出现大量造纸厂，而废布供应量持续减少。于是，19世纪40年代初，芬那提开始尝试用木纤维造纸。1844年，他给当地报社写了封信，信中附有他制造出的纸张样本：

> 信里附有一张"纸"，我想查明到底能否用"木头"造"纸"，这就是我的实验成果。事实证明，此事可行。

先生们,我寄给你们的样纸就是个实证。这个样纸质地坚挺,纸色洁白。种种迹象表明,它跟用麻布、棉布或其他材料制成的包装纸一样耐用;而它"实际上是用云杉木制成的",将云杉木捣烂成纸浆,其他造纸步骤与之前无异。

当年,芬那提不过二十岁出头,极力说服加拿大各大造纸商采用他的发明,可是在他们眼里,芬那提不过是个年少轻狂的家伙。差不多同一时期,德国织布工弗里德里希·哥特罗布·凯勒(Friedrich Gottlob Keller)发明了碎木机,成功申请到专利。碎木机中的砂轮可将木块磨碎,变成木质纤维,制成木纸浆。为使纸张坚挺,凯勒用木纸浆造出的第一张纸中,含有40%的棉纤维,后来才成功制出纯木浆纸张。1846年,凯勒将专利卖给萨克森造纸商海因里希·弗尔特(Heinrich Voelter),弗尔特携手工程师约翰·马休斯·福伊特(Johann Matthaus Voith),大规模生产凯勒发明的碎木机,而凯勒没能从中获利。

很快,木制纸张全面取代呢纤维纸张,只有纸币例外。英格兰银行发行的纸币"采用棉纤维与亚麻纤维制成,不易破损,比木制纸张更加坚挺耐用"。这种纸币用纸由拥有"纸币印刷许可证"的专业造纸商供应。2013年,英格兰银行表示将用聚合材料生产纸币(从印有温斯顿·丘吉尔头像的5英镑纸币开始,将于2016年投入使用),这种纸币更加"干净、安全、耐用",寿命是普通纸币的2.5倍。有些人觉得,这种纸币不仅仅寿命较长,还有别的特点。2013年,加拿大中央银行发行聚合材质制成的100美元纸币,据传这种纸币内嵌"经摩擦可散发香味"的嵌料,闻上去像加拿大举世闻名的枫糖浆。加拿大很多人都有这种感觉,可加拿大中央银行发言人告诉ABC新闻[1],"银行并未在纸币中添加任何气味。"对此,蒙特利尔麦吉尔大学神经学与神经外科学学院的玛丽莲·琼丝-戈特曼(Marilyn Jones-Gotman)认为,都是"嗅错觉"在捣鬼,人们认为自己闻到了一种味道,实际上那种味道并不存在。

  凯勒的发明告诉世人,木纸浆是可以用来造纸的。一时间,人们纷纷寻求更高效的制浆法。用凯勒碎木机磨出的木纤维制纸浆,造出来的纸很容易破损,时间一长便会泛黄。问题在于,磨出来的纸浆中含有木质素,这是树木细胞壁中的一种化合物。既已找出问题根源,显然要对症下药,设法除去木纸浆中的木质素。经过化学处理,木质素被清除,纸张更加坚挺、坚韧耐用(不过,以前的旧报纸很多都发黄了,可见老式纸浆法并未完全被遗弃)。

  1851年,人们开始尝试制造更加干净的纸张。赫特福德郡的休·布格斯(Hugh Burgess)和查理·瓦特(Charles Watt)在碎木条中添加烧碱,高压煮沸,制出纸浆(即"苏打制浆"),造

---

[1] ABC新闻:美国广播公司所播新闻节目总称。

出来的纸空前白净。可是，他们没能顺利推广苏打制浆法。19世纪60年代，美国费城发明家本杰明·C.蒂尔曼（Benjamin C. Tilghman）在制浆时加入硫酸以使纸张更白，不过资金有限，未能进一步发展。真正成功凭借制浆盈利的是欧洲的卡尔·丹尼尔·艾克曼（Carl Daniel Ekman）和乔治·弗莱（George Fry）。1872年，艾克曼效仿蒂尔曼，在纸浆中加入重硫酸盐以及氧化镁。艾克曼是瑞典人，与乔治·弗莱合作后，才迁至英国居住。1874年，瑞典新建一家造纸厂，采用艾克曼-弗莱的方法制浆，从此这种纸浆法成为主流。直到20世纪40年代，德国化学家卡尔·F.达尔（Carl F. Dahl）发明的硫酸盐纸浆法取而代之。这种制浆法采用硫酸钠材料，纸浆质量更优，制浆法的名称——Kraft是德国单词，意为"力量"。

化学制浆，机械生产，能够又快又好地生产出品质优良、坚固耐用、多种厚度的纸张。于是，人们开始考虑制定纸张的标准尺寸和厚度。在那之前，曾有过类似的尝试——博洛尼亚市立考古博物馆中陈列着一块石灰板，板上描述的估计是最早的标准纸张尺寸。这块板是1389年的古文物，上面刻着一段话：

此为博洛尼亚市纸张铸模，博洛尼亚市及周边地区所造棉纸尺寸必须遵循以下规定。

下面一段铭文列出了四组矩形尺寸，分别为"帝国"、"皇家"、"米凯因"[1]和"瑞克特"[2]。即使后来采用十进制，前两种尺寸也仍未被弃用（有微调），其中，"帝国"尺寸很有可能源自纸莎草纸手稿的常见尺寸。

中世纪后半期，造纸商开始给纸张添加水印，象征品质保障。当纸张在铸模上成型，他们便将设计好的铁丝压在纸上，印出水印。水印的用途很多，既是造纸商的标识，也能区分纸张尺寸，例如"大页纸"（foolscap）——13.5英寸×17英寸大小的纸张。"大页纸"这一名称源自水印"傻子的帽子"（fool's cap，原始图案是一顶帽子和一只铃铛，旧时的戏剧书和故事书用的纸上常见这种图案）。15世纪中期，这个水印传入英国，尽管后来水印图案变成了"大不列颠"[3]或狮子，名称还是一样——截至目前，就我所知，布莱恩·伊诺（Brian Eno）的歌里，只有这种纸的名字被提及过。

1786年，德国物理学家格奥尔格·克里斯托弗·利希滕贝格（Georg Christoph Lichtenberg）致信科学家约翰·贝克曼（Johann Beckmann），向他介绍自己给学生出的一道题。他让学生算出一种纸张尺寸，要求纸张对折后，长宽比例不变。为了说明白，利希滕贝格在信中附上了一张这种纸，他在信中说，"我已经算出这种比例，想要用剪刀照此尺寸剪出一张

1　米凯因：mecane音译。
2　瑞克特：recute音译。
3　大不列颠：Britannia，作为英国象征的一名女子，头戴钢盔，手持盾牌和三叉戟。

来,却惊喜地发现,我们已经在用这种尺寸的纸了,我现在就在这样的纸上写字呢。"利希滕贝格原本想把这个问题变成一道数学难题,却发现答案一直就在眼前:媒介即讯息。

利希滕贝格认为这一比例"令人愉悦,非常特别",并询问道:"这一尺寸是什么时候被造纸商采纳并成为惯例的呢?这一尺寸从何而来,看起来不像是意外发现?"其实,利希滕贝格给学生出的这个难题并非他的原创,早在1787年,多罗西亚·施洛泽(Dorothea Schlozer)就已遇到并解决了这一问题。施洛泽是一位德国学者,也是德国大学五位精英女教师中的一员,她算出了正确答案(1755年,她拿这个问题去请教老师,没有得到答案)。

利希滕贝格这个问题的正解,这个神奇的比例,是$1:\sqrt{2}$(约为1:1.41)。将这种比例的纸张(平行于较短边)从中间剪开,可以得到两张纸,比例仍为$1:\sqrt{2}$。如今我们使用的A系列纸张便符合这一尺寸规律(A3纸从中间剪开可以得到两张A4纸)。而这一规律竟可追溯至一千多年前(博洛尼亚市立考古博物馆那块石灰板上列出的四种尺寸中,有两种完全符合这一规律)。

一战后,德国的沃特·波尔斯曼(Walter Porstman)博士提出了更加全面、系统的尺寸制度。波尔斯曼1886年出生于吉尔斯多夫(Geyersdorf),大学时专攻数学与物理专业。1917年,波尔斯曼首次发表关于标准化的论文,引起了德国标准化协会会长[1]沃德玛·海尔密希（Waldemar Hellmich）的注意。随后几年，波尔斯曼进一步细化标准。1922年，德国标准协会采纳这一纸张标准，编号DIN476。1924年，比利时也采用这一标准，紧接着，世界各国纷纷效法。截至1960年，共有25个国家使用这一标准，到1975年底，国际标准化组织将其列为国际标准，编号ISO216。

ISO216详细阐述了A系列纸张的折算公制。最大的A0纸张面积为1平方米，尺寸是841毫米×1189毫米（符合利希滕贝格提出的比例）。将A0大小的纸张平行于短边对折裁开，得到两张A1大小的纸张，依此类推：

A系列	尺寸（mm）
A0	841×1189
A1	594×841
A2	420×594
A3	297×420
A4	210×297
A5	148×210
A6	105×148
A7	74×105

---

1 德国标准化协会：Standardisation Committee of German Industry，德国标准协会（DIN）的前身。

A8	52×74
A9	37×52
A10	26×37

ISO216对B系列纸张（主要用于印刷）尺寸也作了详细说明。1976年，国际标准组织出台ISO269，详细说明了用于信封的C系列纸张尺寸——一个C4大小的信封可以装进一张展开的A4纸，依此类推。

1840年，邮政服务进行改革，改革之前，人们寄信根本不用信封，因为邮费是按用纸数量计算的，一个信封按一张纸计费。为了省钱，人们都用邮简，邮简反面写完内容后折叠密封即可，不需要信封。1837年，社会改革家罗兰·希尔（Rowland Hill）出版了一本手册——《邮局改革的重要性与可行性》（*Post Office Reformation: Its Importance and Practicability*），提议改革邮政服务。希尔建议简化整个邮政服务体系，大幅降低邮费，不再按用纸数量计费，而按照重量计费。最重要的是，希尔提议，不论收件地址在哪，同一地区价格一致，且由寄信人付费（以往都是由收信人付费）。1840年，希尔的提议得到采纳，邮局推出两种预付费方法——买邮票，或者用邮资邮简或邮资信封。

艺术家威廉·马尔雷迪（William Mulready）接受委托，为邮资邮简及邮资信封设计图案。希尔原以为这些邮资邮简和邮资信封会比邮票更流行，可是，这些印着不列颠和雄狮图案的邮资邮简和邮资信封华丽过头，才推出几天就遭受嘲讽。在日记中，希尔记录了自己的担忧，可能得"用一些新的邮票来代替马尔雷迪的设计"，因为"人们对这种美无动于衷，甚至有点厌恶"。马尔迪雷设计的邮简和信封很快就停用了，取而代之的是有凸饰的信封，图案是威廉·怀恩（William Wyon）设计的维多利亚女王头像。怀恩设计的这种信封只卖一便士，迅速收到追捧。不过，还是无法撼动邮票的地位，毕竟邮票好用得多。

邮政改革后，邮费锐减，马尔迪雷设计的邮资邮简和邮资信封又不受欢迎，人们亟需批量生产的廉价信封（改革前，每年的信件流通量只有2600万件，截至1850年，流通量上涨至34700万件，其中30000万件用了信封）。以往，人们将矩形纸张裁成菱形"模板"，造成极大浪费。1844年，伦敦文具商乔治·威尔逊（George Wilson）的设计"改良了信封制作方式"，获得专利。按照他的设计，信封模板变成矩形，可以节约许多纸。次年，罗兰·希尔的兄弟埃德温和造纸商沃伦·德拉鲁（Warren de la Rue）合作，发明了一款机器并获得专利。这种机器不仅可用于切割信封模板，还能自动将模板折成信封（以往，人们需要用锡板手工折信封）。

渐渐地，信封款式和形状越来越丰富，功用各不相同：开口在短边的"口袋"信封，开口在长边的"钱夹"信封，传统的菱形"礼仪信封",偏矩形的"手册"信封,"票券"信封,"侧缝"信封,"公告"信封。种类着实繁多,难以细数。传统的"礼仪信封"采用菱形信封模板,这种信封有个好处:只要密封信封口的尖角即可。不过,引进阿拉伯胶后,自黏信封的密封就不成问题了。1855年,一位礼仪作家指出,虽然火漆十分优雅,但在"自黏信封"出现后,"就不再必不可少了"(他还告诫人们,不要用尺寸过小的信封。他说,"别把太大的信纸或太多信纸塞进小信封里,那样很没品位,就好像把一只肥硕的手塞进过小的手套,笨拙难看")。阿拉伯胶需要变湿才有黏性,可以用舌头舔,也可以用滚筒沾水把它弄湿。这可不是什么有意思的事。

《宋飞传》里《结婚请柬》这一集中,乔治说服未婚妻苏珊买杂货店里最便宜的那种结婚请柬,店员说他们要的那种请柬因为胶水有问题,已经停产好几年了,不过算乔治运气好,他们店里还剩几箱存货。于是,乔治把舔信封的活交给了苏珊(舔胶水的感觉太恶心了,她说:"呸,烂透了!")。舔完那些信封,苏珊就昏倒了,立刻被送往医院,不治身亡。医生委婉地把这个消息告知乔治,问他苏珊是不是接触了什么"廉价胶水",因为在她血液中发现了"一种有毒的胶水,常用于极其廉价的信封"。乔治告诉医生,苏珊一直在舔信封,他们差不多要请200位宾客,所以买廉价信封,情有可原?

不过,这种事情在现实中会发生吗?信封上的胶水对人体有害吗？2000年，互联网上盛传一个故事：

> 如果你习惯舔信封上的胶水……看完下文后，你绝不会再这么做了！
>
> 加利福尼亚邮局有位女职员。有一天，她直接用舌头去舔湿信封上的胶水，因为没有海绵块，结果舌面划开一道伤口。一周后，舌头发肿，她便去看医生，可医生没发现有何异常。又过了几天，她的舌头肿得更厉害了，而且异常疼痛，连东西都吃不下。她又去了一趟医院，要求医生做点什么。医生给她的舌头照了X光片，发现舌头里有肿块，便为她安排了一场小手术。
>
> 切开肿块后，一条活蟑螂爬了出来。原来，信封封条上有些蟑螂卵，口腔内唾液温暖湿润，于是这些卵在她舌头内部孵化了。
>
> 这是真实故事，美国有线电视新闻网（CNN）曾做过报道。

斯诺普斯网站已经彻底揭穿了这个故事的虚假面目，可是，它跟其他的城市神话一样，依然流传甚广。

虽然这个故事不足信，但不等于信封对人体无害。1895年，《纽约时报》报道了S.费切海默（S.Fichheimer）的死讯，称他死于"血液中毒，因为他舔信封时割伤了舌头"。信封确实能致死，不过不常见——所以放心睡吧，不要做噩梦。

ISO216纸张尺寸标准如此便利，几乎所有国家都采用了这个标准，可美国却一直拒不接受。这个国家始终不愿意完全接受公制，格兰帕·辛普森（Grampa Simpson）曾叫苦不迭："公制是魔鬼的工具！我的车改装了40次才装好我想要的那种油桶。"是出于害怕还是仅仅出于惰性？我们无从知晓。不过，美国如此坚决的抵制还是显得有点不正常。对此，美国中情局（CIA）出版的《世界概况》解释道：

> 如今，世上只剩三个国家——缅甸、利比里亚和美国——尚未采用国际单位制（SI，或公制）作为计重测量标准。1866年，美国法律中已经明确可以采用公制，尽管如此，美国仍然在使用由英国法定标准系统改编而来的美国习惯计量制，公制的推广收效甚微。美国是唯一一个在商业事务和传统活动中不采用公制的工业国家，不过，在科学、医药、政府以及不少行业中，公制正慢慢被接纳。

抓紧点啊，各位。

ISO216标准的长处如此鲜明，可美国拒绝接受，说明美国仍在使用基于英寸的计量制度，最常见的是"信纸"（letter，8.5英寸×11英寸规格），除此之外，美国人还用"法律文件纸"（legal，8.5英寸×14英寸规格）、"小报"（tabloid，11英寸×17英寸规格）。美国使用的"8.5英寸×11英寸"规格起源并不明确（实际源于欧洲），可能是从荷兰造纸商17世纪引进的纸框改变而来的，这个纸框尺寸达17英寸×44英寸，人一次能够到的最大面积不过如此吧。美国的"letter"尺寸正是这个纸框尺寸的四分之一。

从名称即可看出，8.5英寸×14英寸大小的"法律文件纸"是法律从业人员常用纸张。1884年，马萨诸塞州一家造纸厂的员工托马斯·霍利（Thomas Holly）收集碎纸片，绑定起来，做成廉价拍纸簿。对他而言，荷兰造纸商两百多年前界定的最大尺寸纸张毫无意义，随便多大的纸他都拿来用，每张纸都还比上一张大3英寸。他还成立了美国纸本纸张公司（AMPAD，American Pad & Paper Company），专卖这种拍纸簿。后来，文具商威廉·博克米勒（William Bockmiller）联系他，提出一个特别要求。博克米勒有位顾客是法官，每次买了空白纸张的拍纸簿，回去都要自行画线，他希望能买到印有平行线的拍纸簿，页面边缘要留有空白，以便添加注释。于是，霍利着手生产这种拍纸簿，也就有了现在的"法用拍纸簿（legal pad）"。传统的法用拍纸簿纸张皆呈黄色，原因不详。有人认为，最初的拍纸簿混合了不同厂家的纸，颜色不均匀，为了统一颜色，一律染成了黄色。还有人认为用黄色是为了便于区分文件类型。不管怎样，这个颜色再也没变过，有些人认为黄色纸张没有纯白纸张那么伤眼。

虽然霍利对法定拍纸簿的发展贡献突出,但是,1903年11月,新闻报道开始曝光该公司内部的金融违规问题:

> 周六,长期任公司董事长兼财务主管的托马斯·W.霍利被指控贪污,挪用公款。具体挪用金额数目尚不明确,可能是3.5万美元。

霍利应该是发行了虚假证券,并从中牟利。几天后,据《洛厄尔太阳报》报道,他可能逃到了加拿大:

> 美国纸本纸张公司财务主管托马斯·W.霍利目前行踪不明,据其好友暗示,他目前在加拿大,想知道政府将以什么名义来逮捕他。
>
> 据说,他所有的人寿保险中都有关于自杀的条款,这将给他及其家人带来好处。他带走了一份保险金高达3万美元的保险,他有预感,早晚会用得上。一旦他遇到问题,这份保险可以维持其家人日后的生活。

虽然我们熟悉的美式黄色"法用拍纸簿"由霍利推出,但是最早卖印有平行线格子的拍纸簿的并不是他。1770年,伦敦的约翰·泰特洛(John Tetlow)发明了一台能"生产印有平行线格的音乐用纸或用于其他用途的纸张"的机器，获得专利。7年后，约瑟夫·费希尔（Joseph Fisher）为其"通用机器"申请专利，这台机器可以生产"带有辅助书写或绘画的格子的纸张"，包括方格纸。大部分人觉得，有平行线格和方格就够用了，可有些人觉得不够。这些人只好去买 Writersblok 的点状格纹纸张，或是西班牙平面设计师杰米·纳尔瓦埃斯（Jamie Narvaez）设计的夸德尔诺牌笔记本。夸德尔诺系列笔记本包括：

> 每套四本，除传统的线格和方格外，还有新图案。虽然仍然作笔记本用，但也可以看作画册。欢迎使用者发挥想象，尝试着用它绘画或书写，让我们重新把注意力放回本子本身。

法用拍纸簿，例如霍利生产的那种，大多在顶部进行装订。每张纸上方都有一排细密的穿孔，便于撕下来用。除此之外，笔记本装订方式还有很多：希尔韦恩记事本用的是订书针；鼹鼠皮笔记本则是手工线装；黑与红笔记本都是精装本；还有线圈装的便笺簿。我发现这种便笺簿很容易引起困惑，顶部用的是线圈，所以翻页记笔记非常方便，快速潦草记下之后立刻就可以翻过去，可是，我常常忘了该往上翻页还是往下翻页，就那么愣住了。如果用的是那种左右翻页的笔记本，我想找某个匆匆记下的笔记时，至少还能想起来记在了左边还是右边。可是用这种本子，我根本不知去哪找，到处都是笔记。这种本子需要配备"搜索"功能。

现在，笔记软件应用越来越流行了，例如苹果手机上可以安装的 Note 或印象笔记（Evernote），这样一来，"定位信息"这个问题就解决了。你可以在不同设备上同步笔记，搜索十分便捷，用笔在纸制本上做笔记显得越来越落伍。可是，这两种记笔记方式并非水火不容。鼹鼠皮推出的印象笔记智能笔记本尝试结合这种方式——既有实物书写的触觉快感，也能享受云计算和在线搜索带来的便利。在笔记本上写完笔记后，用户可以给笔记添加相应主题的"智能标签"（家庭、工作、旅行、操作、同意、拒绝），然后用扫描摄像头拍下当前笔记。笔迹可辨认度越高，以后搜索就越容易。不过，我的字迹，软件估计无法识别，因为连我自己都看得一头雾水。如今，我们越来越依赖高科技产品，打字水平越来越高，可代价却是我们写字越来越难看。

不过，这个问题很好解决。要想机器能辨识我们的字迹，我们就要多多练字。多练手写字——电脑需要你这么做。

第四章

千万别招惹铅笔控

自幼，我们就结识了铅笔。长大后，步入成人世界，才开始用钢笔。因此，我们想当然地认为，铅笔的历史比钢笔悠久。铅笔十分朴素，尤其是笔身，用的既不是塑料管，也不是金属管，而是普普通通的木头，取于自然，古朴简单。可是，木制铅笔的历史并不像我们想象得那么悠久。可以说，铅笔比铅笔历史悠久，而又没有铅笔历史悠久。这句话看起来纯属胡扯，但也有几分道理。早在铅笔发明之前，就已经有了"铅笔"这个词，只不过，这里所说的"铅笔"并非我们如今所用的那种传统木杆铅笔。

penicillum 这个词跟 penis（意思是"尾巴"）源自同一个拉丁词词根，是一种细头画笔，用来创作精细的书画作品（画笔用的毛来自动物尾巴。幸好，我们的目的看起来还算单纯，否则，我们真该为此残忍之举脸红），由此，penicillum 演变为古法语词 pincel，最终进入中世纪英语，变成 pencil。不过，直到16世纪早期，pencil 这个词才有了"铅笔"这层意思，在那之前一直指画笔。这里的"铅"也有误导性——古希腊和古罗马人用的尖笔是用铅做的，而我们用的铅笔并不含铅。值得庆幸，因为铅的毒性很强，不适合用来做小学生使用的铅笔（除非你不喜欢那些小孩）。

铅笔的起源，要从16世纪初期，坎伯兰一个暴风雨肆虐的晚上说起。具体是哪一年，已经不得而知。不过，流传最广的说法是：当晚，一袭狂风连根拔起凯西克村博罗代尔地区的一棵参天橡树，露出一块矿床，里面是一种神奇的黑色矿物质——石墨。人们给这种新物质起了很多名称，例如"黑色铅"（black lead）、"kellow"、"killow"、"wad"或"wadt"，这些词都跟"黑"有关，不过，最常用的称呼还是"黑铅"（plumbago），因为它跟铅很像。正因为石墨跟铅相似，才有了"铅笔"——这个词一直存在，成了一个奇怪的语言学巧合，就像"手"机可以用来"拍"东西，而烤菜豆装在锡制"烤盘"里一样。

附近农民发现这种物质——他们称之为"wadd"——很有用，可以拿来给自家的羊做记号，很快又发现有其他用途。用线缠好石墨条，就不会弄脏手。截至16世纪60年代末，铅笔传遍整个欧洲。1565年，瑞士自然学家康拉德·格斯纳（Conrad Gesner）出了一本关于化石的书——《关于化石、宝石、石头、金属等的一切及相关书籍，多数为首次出版》（*De omni rerum fossilium genere, gemmis, lapidibus metallis, et huiusmedilibri aliquet, plerique nunc primum editi*（of all the kind of things, fossils, gems, stones, metals, and the like; several books, most of them now published for the first time）。书中有一段对铅笔的描述：

> 下图所示尖笔用于书写，由铅（也有人称之为英格兰锑）制成，一段削尖，嵌于木杆中。

格斯纳说的这种铅笔并非我们用的那种铅笔。我们所用铅笔的笔芯并不是铅，而是格斯纳说的铅笔。2006年，德国造笔厂克里奥·思克力朋（Cleo Skribent）曾推出一款这样的铅笔，在木杆中嵌入铅——这样一来，更像是铅笔套（porte-crayon）或铅笔杆（leadholder）。画家画素描时，常用铅笔套套住石墨、粉笔或是木炭。铅笔套一般由黄铜制成，呈管状，两端有切口。用的时候，粉笔或石墨分别插在两端，用金属环固定。十七十八世纪，这种铅笔套越来越流行，直到现在，有些画家仍然在用。M.C.埃舍尔1948年创作的《画手》（*Drawing Hands*）中，画了两只手，分别在画对方，这两只手里的笔用的就是铅笔套。铅笔套可用来套各种绘画材料（粉笔、炭笔还有石墨条）。而铅笔杆，用途正如其名，只用来套铅芯。杆身由木头或金属材料制成，把黑铅一端削尖，另一端套进锥形金属杆，再用螺纹固定好。绘图员偏爱铅笔杆，用它画出来的线更精准。铅笔杆慢慢演变，最终成了自动铅笔。

当代铅笔究竟源自何处，对此，人们各执一词。16世纪末，凯西克附近的工匠最先用木头包裹石墨条（不过也有人说，这么做的是同时期的意大利人）。当地人不主张出口石墨，于是凯西克很快就成了世界铅笔制造中心。博罗代尔也是世上唯一一处为人熟知的优质纯石墨产地。因此，坎伯兰的石墨迅速增值，当地人严密看守，甚至会偶尔用水淹掉矿床，防止有人来偷。石墨越来越贵重，后来，石墨运去伦敦进行巨额拍卖时，由武装部队护送。买家基本都是凯西克的铅笔制造商，于是拍卖会后，再由武装部队护送，运回北方。在凯西克，人们把石墨块切割成细条，在方木杆中心挖出凹槽，然后将细石墨条放进木杆凹槽中，冒出木杆的石墨条用尖刀切除，保证石墨条与木杆平齐。最后，在木杆两端粘上薄木片，裹住石墨条两端。

作为中世纪的世界贸易中心，德国纽伦堡的发展与采矿业密不可分，大量商人开始在中欧各地采购矿藏。纽伦堡的工人来到博罗代尔，开采石墨，引起德国商人的关注。他们开始用纽伦堡当地出产的劣质石墨混合硫黄及其他材料，自产铅笔。不过，这些铅笔质量不好，根本比不上用凯西克地区纯石墨制成的铅笔。

1793年，英法战争爆发，两国经济交往中断，法国买不到英国凯西克生产的铅笔，连德国产的质量较次的铅笔也买不到。于是，法国军政部长拉扎尔·卡诺命尼古拉-雅克·孔特（Nicolas-Jacques Conté）研发出一款无须使用进口材料的铅笔。孔特原是一名肖像画家，法国大革命之后，兴趣转向科学。据说，孔特"科学头脑过人，艺术技能高超"。虽然法国产的石墨不如博罗代尔的纯，但孔特对这种物质十分了解，很快就想出了制造铅笔芯的办法。将石墨粉末与黏土混合,做成细条,然后放进窑中烧制。虽然这样制作出来的石墨芯没有纯石墨芯坚硬,但比德国的笔芯好。1795年,孔特为这一制芯方法申请了专利。直到现在,我们用的仍然是这种制法。

有了孔特的方法之后,虽然凯西克的铅笔依然是世上最好的铅笔,但是各国都不需要再依赖博罗代尔的矿藏了。早前,铅笔一直由手工作坊生产,直到1832年,班克斯父子公司(Banks, Son & Co.)建立了第一家铅笔工厂。几经辗转,1916年,这家铅笔工厂成了坎伯兰铅笔公司(Cumberland Pencil Company),四年后,又被英国笔具有限公司(British Pens Ltd)收购,在凯西克建了一家新厂,开始生产德温特牌(Derwent)铅笔。2008年,该厂又迁至沃金顿附近。

凯西克的旧铅笔厂旁边就是坎伯兰铅笔博物馆(Cumberland Pencil Museum)。只需花费4.25英镑,就能进入这个小巧迷人的博物馆,每个参观者都能领到一本手册,免费得到一支铅笔。这家博物馆曾出现在本·维特利(Ben Wheatley)2012年导演的电影《观光》(*Sightseeing*)中。馆内陈设着各式各样的展品,介绍当地铅笔生产的历史,还有一支世上最长的彩色铅笔,长达7.91米,2001年5月载入《吉尼斯世界纪录》("这是一支真正的铅笔,如果在黄色笔芯前放一张纸,可以写出黄色的笔迹")。这支笔重达446.36千克,28个人一起抬才把它抬进博物馆,如今悬挂在博物馆天花板上。

自从有了孔特的方法，制造铅笔不再完全依赖纯石墨。由于曾经生产过铅笔，18世纪，纽伦堡开始与凯西克竞争"世界铅笔制造中心"这个称号。纽伦堡有两家驰名世界的铅笔公司，分别是施德楼（Staedtler）和辉伯嘉（Faber-Castell），可两家都觉得自己比对方历史悠久，争执不下。17世纪60年代，纽伦堡有三大工匠家族开始用手工制造铅笔——杰尼格斯（Jenigs），嘉格斯（Jagers）以及施德楼。实际上，弗里德里希·施德楼（Friedrich Staedtler）是公认的首位"铅笔制造者"，而这个名誉本该属于博罗代尔第一批生产铅笔的人。不过，只有施德楼家族连续几代人都在做铅笔。纽伦堡的商业行会管控严格，只有个别生产商有资格在纽伦堡成立铅笔公司。因此，直到1835年，规定有所放松，约翰·塞巴斯蒂安·施德楼（John Sebastian Staedtler）才得以注册J.S.施德楼公司。

纽伦堡近郊的斯坦因有座小镇，1761年，镇上一位名为卡斯帕·辉伯（Kaspar Faber）的家具木工开始制造铅笔。辉伯原本打算在纽伦堡建厂，可是纽伦堡的规定太过严苛，他只好移到纽伦堡外。因此，虽然施德楼比辉伯嘉早成立近75年，双方还是各自宣称自己才是最早的铅笔公司，僵持不下。直到20世纪90年代，法官最终判定辉伯嘉是纽伦堡最早的铅笔公司。因此，2010年，施德楼庆祝成立175周年时，辉伯嘉在筹备250周年庆。可实际上，弗里德里希·施德楼早就开始生产铅笔了，比卡斯帕·辉伯早了几乎一百年。我不知道比赛谁更早有何意义,不过我猜很多人不信任施德楼,觉得它不过才成立175年。

利用孔特的方法,欧洲各铅笔公司用黏土混合石墨粉制造的铅笔渐渐可与凯西克的精制铅笔相媲美。借助新方法,厂家可以生产出不同硬度的铅笔。调整黏土和石墨粉的比例,可以生产出不同硬度的笔芯(黏土比例越高,笔芯越硬)。一开始,孔特用数字来标记铅笔硬度(数字越大,硬度越高)。据传,我们如今用"H"和"B"来标记硬度的方法是伦敦的布鲁克曼铅笔公司(Brookman)发明的(H代表硬度高的铅笔,B代表更黑、硬度低的铅笔)。布鲁克曼铅笔公司的铅笔硬度越高,笔身上的H字母就越多。不过,随着造笔技术越来越成熟,笔的硬度区分越来越细,结合数字和"H""B"标识似乎更方便(要是你去当地的莱曼文具店买铅笔,标着8H和9H的铅笔肯定比标着"HHHHHHHH"和"HHHHHHHHH"的笔好辨认)。最常用的铅笔处于H和B的中间地带——HB铅笔,平等与和谐的象征,我们都该向HB铅笔看齐。仅从这个层面论。

19世纪40年代,美国作家亨利·大卫·梭罗(Henry David Thoreau)也曾采用类似的标记方法。世人大多只知梭罗是位作家、自然学家,忽视了他为铅笔制造作出的贡献。梭罗的父亲在马萨诸塞州康拉德市有家铅笔公司,梭罗曾在那里工作了很长一段时间。在他去之前,公司的名声就很不错,他去了之后，公司更上一层楼。不知道梭罗是借鉴了孔特的方法还是完全自创，他去公司工作后，生产出了四种硬度的铅笔（这种硬度划分方法至今仍是美国铅笔硬度划分的主要方法，2号铅笔与HB铅笔硬度大致相当）。1823年，约翰·梭罗与他的姻亲查尔斯·邓巴（Charles Dunbar）合伙。1821年，邓巴发现了新英格兰的一块石墨矿床，不过他的租赁时间只有七年，于是他决定尽快多采一些石墨，多多益善。

不过，第一位制造木铅笔的美国人并非邓巴。康拉德的家具木工威廉·门罗（William Munroe）从1812年就已开始生产铅笔。英美战争期间，门罗试图靠售卖家具维持生计，但是家具难卖，而铅笔却供不应求，于是门罗心想"要是我只卖铅笔，应该不会面临太大竞争，还能有所作为"。不过，门罗并未学过相关科学知识，费了将近十年才生产出像样的铅笔。

门罗的合伙人埃比尼泽·伍德（Ebenezer Wood）在康拉德的纳莎巴布鲁克地区建了一家铅笔厂，厂内机械设备由伍德发明，用于提高生产效率。有一台"楔形胶水按压设备"，可同时固定12支涂好胶水的铅笔；一台圆锯，可同时在6支铅笔上挖出凹槽；一把锯子，可将笔杆锯成六棱柱或八棱柱；还有一台机器，可将石墨块研磨成粉。门罗抢在梭罗之前，率先进入铅笔市场。截至19世纪30年代，门罗与梭罗竞争激烈，针锋相对。不过梭罗铅笔的质量更高。为击溃梭罗，门罗劝伍德拒绝为梭罗研磨石墨。可惜，门罗偷鸡不成蚀把米：伍德从梭罗那里赚的钱比从门罗那里赚得多，于是反倒停止了跟门罗的合作。

铅笔生产领域竞争激烈，关于"到底谁有资格自称纽伦堡最早的铅笔生产商"这个问题，人们也一直争论不休，还有竞争者声称自己是最早在美国建立铅笔厂的人。1827年，发明家约瑟夫·狄克逊（Joseph Dixon）在塞勒姆建立石墨加工厂，不过从1829年开始，工厂就开始少量生产铅笔。真正在美国建立第一家专门生产铅笔的工厂的似乎是卡斯帕·辉伯的曾孙。1849年，埃伯哈德·辉伯（Eberhard Faber）代表身为厂主的父亲A. W. 辉伯去往美国，为纽伦堡的家族企业寻找用来生产铅笔杆的优质雪松木。渐渐地，埃伯哈德发现，制铅笔所需的优质原料美国都有，于是，1861年，埃伯哈德在曼哈顿建立了他的第一家铅笔厂。

1799年，辉伯遭遇最强劲敌。约瑟夫·狄克逊颇有创业头脑，善用"灵光乍现带来的机遇"，听起来像是《飞黄腾达》（*The Apprentice*）里一位成功在望的人物。好在，很长一段时间里，他的灵感都跟铅笔无关。他开了一家铸造厂，用当地的石墨生产各种各样的产品，比如抛光蜡、润滑剂还有涂料。这家"约瑟夫·狄克逊熔炉厂"厂如其名，早先只出产生产铅笔常用的抗高温的石墨熔炉。可后来，狄克逊的目光逐渐转向铅笔。1829年他尝试生产铅笔，可惜质量不佳，不出一年就以失败告终。不过，他生产的那些用于制钢炼铁的石墨熔炉十分畅销，卖得比他的铅笔成功得多。不管怎样，他跟孔特以及门罗一样，都发了战争财（战争有什么好处？绝对没好处——除了能完善铅笔生产方式，再次强调）。

美国内战期间，战士需要铅笔快速书写，以便与战友交流，因此部队需要大量既便宜又好写的铅笔。狄克逊生产过铅笔，有经验，很快就改良了生产方法，批量生产了许多质量稳定的铅笔——每支铅笔上都印有熔炉商标。到1872年，狄克逊铅笔公司的铅笔日产量高达8.6万支，成为世上最大的石墨消费商。1873年，狄克逊收购了位于纽约泰孔德罗加镇的美国石墨公司——这座城镇的名字便是后来狄克逊最经典的铅笔品牌名。狄克逊-泰孔德罗加铅笔发行于1913年，这不是第一支笔身呈黄色的铅笔，但绝对是最有名的黄色铅笔。此前，铅笔杆用过各种颜色，可能是因为最贴合石墨的特征，多数批量生产的铅笔均采用黑色笔身。直到1889年，在巴黎世界博览会上，捷克铅笔公司哈德米斯打破了这一传统，推出了科伊诺尔-1500铅笔。

早在1790年，约瑟夫·哈德米斯（Joseph Hardtmuth）就已在维也纳成立了一家陶器加工厂，成立不到十年，这家工厂就开始依着孔特的方法，混合石墨和黏土，生产铅笔。受科伊诺尔（Koh-I-Noor）黄色钻石的启发，哈德米斯推出7种硬度的科伊诺尔-1500铅笔，此举空前。一时间，黄色成为高品质的象征，美国各铅笔公司纷纷效仿，狄克逊也利用了这一点。

约瑟夫·狄克逊熔炉公司应时而动，推出2号硬度的黄色狄克逊–泰孔德罗加铅笔，这款铅笔至今仍是美国的知名铅笔。黄色笔身、绿色金属包箍（用来固定橡皮头的金属套管）的铅笔大量生产，热卖畅销，最终连公司名字都改成了狄克逊–泰孔德罗加公司。

不过，狄克逊–泰孔德罗加公司并不仅仅生产铅笔，它还"鼓励人们用工具保留那些有意无意的思考、事实、念头或梦想，这种工具只不过是人们自身的延伸"。（狄克逊–泰孔德罗加公司自称）作为"世上最好的铅笔"，物美价廉，这款铅笔的身影迅速出现在美国各个办公室和教室之中。虽然广受追捧，但是这款铅笔也有其阴暗的一面——很显然，乔治·卢卡斯（George Lucas）第一次写《星球大战前传1：幽灵的威胁》剧本草稿时，用的是狄克逊–泰孔德罗加铅笔，也就是说，加·加·宾克斯（Jar Jar Binks）[1]这个形象至少有一部分是用这支笔设计出来的。

爱用狄克逊–泰孔德罗加铅笔的名人不止卢卡斯一个。罗阿尔德·达尔（Roald Dahl）[2]也爱用它，每天早上都要削上6支，然后开始一天的写作。达尔从1946年开始用这款铅笔，

---

[1] 加·加·宾克斯：《星球大战》剧中笨拙而善良的冈根人，曾在纳布遭同胞驱逐，因此，他一生都在努力证明自己的价值。他把不堪回首的过去抛之脑后，进入更混浊的科洛桑政坛，在那里，他为民服务的初衷和热情被诡计多端的议员和其他掌权者所利用。
[2] 英国家喻户晓的儿童文学作家。

因为战后英国的铅笔质量不佳,他心生不快,觉得像是"用炭笔在砾石上写字"。作家对铅笔的质量十分敏感,这一点不难理解:他们写文稿时那么依赖铅笔。约翰·斯坦贝克(John Steinbeck)[1]曾写道:"我每天用铅笔好几个时辰,右手中指磨出了厚厚的老茧。我每天握铅笔6个小时,你可能不信,但我所言非虚。我的手受制于笔,我受制于手。"

作家用钢笔或打字机写作时,不容有错,但用铅笔则犯错也无妨。有了文字处理软件,我们只要按个键就能删掉一整段。在那之前,擦掉错的段落重写比从头开始重写要好得多吧。"我每次写初稿都用铅笔",诺贝尔奖得主托尼·莫里森(Tony Morrison)1993年在《巴黎评论》采访中表示,"我喜欢用黄色的法用拍纸簿,加上一支好用的2号铅笔。"

斯蒂芬·金(Stephen King)[2]1989年出版的小说《黑暗的一半》(*The Dark Half*)中,明确展示了铅笔的力量,它能影响作家的创造力。这本书中,作家泰德·波蒙特(Thad Beaumont)用乔治·斯塔克(George Stark)这个笔名写了几本小说。波蒙特喜欢用打字机写小说而斯塔克喜欢用铅笔。当波蒙特试图杀死他的第二自我(即斯塔克),专心写作时,铅笔变成了一种图腾,象征着两个作家之间的不同。他们相互厮杀,争夺肉身。后来,斯塔克占据肉身,铅笔成为他的武

---

[1] 20世纪美国最有影响力的作家之一,代表作为《愤怒的葡萄》。
[2] 20世纪美国畅销书作家,屡获奖项。

器。从头到尾，斯塔克用的都是贝洛黑美人铅笔。斯塔克最爱的黑美人铅笔最早出自布莱斯德尔铅笔公司旗下，后来经收购兼并，归入贝洛铅笔系列。如今，斯塔克爱用的黑美人已经停产——与之最相似的只有比百美的米拉多黑武士系列铅笔，"世上写字最顺滑的铅笔——绝对保证！"

铅笔看似单纯——寿命不长、我们从儿时起就开始用它，然后才用到钢笔——但同时又有一种恐吓意味。不论是真实的残酷故事还是伪造的城市神话，常有讲述心神错乱的学生在考试时压力过大，用铅笔自杀的故事。波蒙特最终战胜了第二自我；希斯·莱杰（Heath Ledger）在《黑暗骑士》（*The Dark Knight*）中扮演的小丑表演了一个"魔术"，让一支铅笔凭空消失。铅笔有某些特性，适合用作武器：木质笔身，闪烁着金属光泽的尖锐笔尖，看上去像一支迷你的矛。即使不用来伤人肉体，也能作为精神困境的象征——《黑爵士四世》（*Blackadder Goes Forth*），爱德蒙·布拉凯德（Edmund Blackadder）为表明自己精神失常，鼻孔里戳着两支铅笔，脑袋上顶着条内裤；而在《双峰》（*Twin Peaks*）里，詹姆斯听说劳拉被杀害，用拇指折断了一支狄克逊-泰孔德罗加铅笔（加了特效还是詹姆斯·马歇尔的拇指神力过人？我试了一下，那样根本折不断铅笔）。或许因为铅笔留下的痕迹能够轻易擦除，人们便将铅笔与危险、疯狂联系在一起。作为一种书写工具，铅笔从来不用为自己的行为负责，可以冲动行事——

不用经过你的同意就能在你日记里写东西。总有办法解决的。

当然了，多数情况下，一个角色或角色的第二自我并不会杀死作者，占据其肉体。这种事几乎不会发生。不过，铅笔可以赋予虚拟人物生命，也可以夺取他们的生命。"如果我让书中的人陷于困境，等待着我的救援，那我就是在戏弄他们。"约翰·斯坦贝克在给朋友的一封信中这样写道，"如果他们欺负我，任意妄为，我就用铅笔制服他们，我不动笔，他们就动不了。"万幸，斯坦贝克提起了笔。其实，在斯坦贝克的创作生涯中，他尝试了很多品牌的铅笔，试图找到一支"完美的铅笔"，他也承认，这样的铅笔太难找了：

> 连续几年，我一直在寻找"完美的铅笔"。我也找到过不少很好的铅笔，但没有一支是完美的。一直以来，问题不在于铅笔，而在于我。有的铅笔连用几天都没问题，但某一天就突然不行了。就拿昨天来说，我用了一支很特别的铅笔，笔芯软而精致，书写顺滑，十分称心。所以，今天早上我用的还是那个牌子的铅笔。可是，它又让我失望了。笔尖断了，一切不良情绪顿时涌上心头。

斯坦贝克每次找到心仪的笔，就会一下子买上几十支。他用过布莱斯德尔－计算器牌的铅笔，也用过埃伯哈德－辉伯－蒙古480铅笔（墨非常黑，笔尖不易断），不过他最爱黑翼

(Blackwing)602铅笔:

> 我找到一种新铅笔——目前为止最好用的笔。当然,它比普通铅笔贵三倍,可它的笔芯又黑又软还不容易断。我想我会一直用这种笔。这种笔叫黑翼,写起来果真如同在纸上滑翔一般。

黑翼602铅笔由埃伯哈德·辉伯于1934年推出。这款铅笔的笔芯之所以非常柔软,是因为石墨和黏土混合物中添加了蜡,那样写起字来"用力减半,速度加倍"——笔身上的标语就是这么写的。这款铅笔的金属包箍也比较特别,包的是扁方形的橡皮。普通铅笔上的金属包箍是圆柱形套管,固定在铅笔一端,一旦橡皮用完,不能更换新的。而黑翼铅笔不一样,扁方形的金属包箍是一个金属夹,方形的橡皮用完了之后可以换新的。

黑翼不仅仅是斯坦贝克的心头好,与弗兰克·西纳特拉(Frank Sinatra)合作的著名编曲人纳尔逊·里德尔(Nelson Riddle)也钟情于黑翼铅笔,昆西·琼斯(Quincy Jones)工作时随身携带黑翼铅笔,弗拉基米尔·纳博科夫(Vladimir Nabokov)在他最后一本小说《瞧这些小丑》中也提到了这支铅笔(你轻柔地转动着一支黑翼铅笔,我爱抚着它的各个侧面),漫画家查克·琼斯(Chuck Jones)将其作品描述为"黑翼铅笔的绘画作品"。黑翼铅笔虽受众星追捧，但还是在1998年停产了。1994年，埃伯哈德·辉伯的厂被桑福德（Sanford）收购，同一时期，生产黑翼铅笔特用的那种笔芯及金属包箍的机器出了故障。公司还有大量金属包箍存货，可桑福德决定不修机器。四年后，包箍用完，黑翼铅笔也就彻底停产了。桑福德之所以不修好机器，是因为20世纪90年代中期，公司每年的黑翼铅笔需求量只有一千支——数量太少，一小时就能生产出来了。而且，黑翼铅笔价格颇高（是其他铅笔价钱的两三倍），虽然对追捧它的名人来说不是问题，但还是严重降低了其市场吸引力——更何况，当时大量像史泰博、欧迪办公这样的文具店取代了独立文具店，为吸引顾客，大幅削减了文具价格。

1998年停产后，埃伯哈德·辉伯的黑翼602铅笔成了传奇。《波士顿环球报》、《沙龙》以及《纽约报》都登出赞美黑翼铅笔的文章，作家肖恩·马隆（Sean Malone）去世前三年一直在整理黑翼602的历史故事，更新博客《黑翼记录》。2005年，距黑翼停产已有7年，美国作曲家约瑟夫·桑德海姆（Joseph Sondheim）向采访者透露，他在黑翼停产前囤积了好几箱，一直没用完。"偶尔还会有人来信，问我'你知道在哪能买到黑翼铅笔吗？'"桑德海姆说。易贝网上的黑翼602铅笔已经卖到了30至40美元一支的高价，但人们买它不是为了收藏，而是为了使用。

2010年,加利福尼亚雪松制品公司的查尔斯·贝罗尔兹海默(Charles Berolzheimer)看到了黑翼的知名度,了解到该商标刚刚过期,于是推出帕洛米诺黑翼铅笔——向埃伯哈德·辉伯原创的黑翼铅笔致敬。外界很看好帕洛米诺黑翼铅笔,它的笔芯也很柔软,金属包箍亦呈扁方形,橡皮头同样可以替换。不过,还是有些原版黑翼铅笔的忠实拥趸者提出不满,认为新的黑翼铅笔连"用力减半,速度加倍"这句经典标语都没有。次年,帕洛米诺黑翼602铅笔上市,跟原来的黑翼602更为相似,笔身也印上了那句标语。

尽管如此,还是有人对翻新的黑翼铅笔有意见。其中,批判帕洛米诺黑翼铅笔最坦率的就是肖恩·马隆,"黑翼记录"博客的博主。马隆觉得,加利福尼亚雪松制品公司就像当年擅用查特文、海明威和鼹鼠皮笔记本故事的 Modo & Modo 出版公司一样,试图混淆视听,让人们以为他们的黑翼铅笔跟埃伯哈德·辉伯的黑翼铅笔有关系。帕洛米诺网站上将查克·琼斯、约翰·斯坦贝克、伦纳德·伯恩斯坦(Leonard Bernstein)列为黑翼铅笔爱好者,还声称黑翼铅笔"在很多人眼中都是世上最好用的书写工具"。对加利福尼亚雪松制品公司的这些营销广告,马隆写了好几篇博客,猛烈抨击,称其手段狡猾,"蓄意破坏文化——用那些名人打广告卖铅笔,十分荒唐,罔顾事实,扭曲黑翼602铅笔的真实历史。"这个教训很明确:千万别招惹铅笔控。

说来讽刺,易贝网上的埃伯哈德·辉伯黑翼602铅笔越来越稀有,价格越来越高,爱好者花了很多钱把它买回来,可是他们一旦开始使用这些笔,就开始夺去他们心爱之物的生命。卷笔刀每转一下,铅笔的寿命就流逝一分。在《黑爵士》第二季中,爱德蒙对伊丽莎白一世说:"夫人,没有了你,生命于我而言就像断了的铅笔——毫无用处(pointless)。"有了卷笔刀,铅笔的生命才有了用处(point);可是,也正是因为卷笔刀,铅笔的生命才变得越来越短。我知道,婚姻也是如此。

起初,人们削铅笔用刀——就像用刀削羽毛笔尖一样。不过,到了19世纪,人们开始生产专门的卷笔刀。1828年,法国利摩日地区的伯纳德·拉斯蒙(Bernard Lassimone)发明的卷笔刀获得专利。1837年,伦敦的罗伯特·库珀(Robert Cooper)和乔治·埃克斯坦(George Eckstein)开始售卖听起来很不错的Styloxynon——"整齐坚固的双刀片呈90度嵌在小红木块中",能把铅笔削得"像针一样尖"。19世纪中期,短柄卷笔刀(1855年,缅因州的华特·福斯特生产出来的那种)使用广泛。从此以后,卷笔刀的造型就没怎么变过。

作家十分关注铅笔,自然也关心怎么削铅笔最好。看一个作家用了多少铅笔,就能大致推算他写了多少字——这比数页数好得多。海明威觉得"要写整整一天才能用完7支2号铅笔"。他在巴黎时,随身携带笔记本、两只铅笔还有一个卷笔刀("折叠式小刀不划算")。《流动的盛宴》中有这样的描述：他坐在咖啡馆里，削着铅笔，"卷笔刀刨出成卷的刨花，落进饮料杯下面的托碟中"。海明威用的那种简款卷笔刀，我们很多人都很熟悉。一手握住铅笔插进去，一手转动卷笔刀，刀片一点点削去木头，如同刨苹果皮一般。不过，到了19世纪后半期，人们开始用体积较大的自动刨笔机，这种刨笔机一般固定在墙面或桌面上，铅笔从凹槽中插进去由卡齿固定，摇动把手就可以转动内部的滚刀，削出来的刨花十分细碎，笔头木纹平整，笔尖尖锐。这种刨笔机就是尼科尔森·贝克（Nicholson Baker）在《巴黎评论》上热情介绍的那一款：

> 上学的时候，最棒的东西就是刨笔机——一个小小的镀铬金属发明，完全由你掌控。转起来发出轰隆隆的声响，像是清嗓子发出的声音，我尤其喜欢它的名字——泰孔德罗加，简直就是个拟声词。毫无疑问，我会把笔削过头，然后又断掉了，所以我会站在那好一会儿，听它发出的声音，泰孔德罗加……德罗加……罗加……

自动刨笔机削起铅笔来比手持卷笔刀更快更好，不过比不上电动刨笔机。20世纪初，人们生产电动刨笔机，是供铅笔厂而不是给铅笔使用者用的，不过，短短几十年内，电动刨笔机就走进了办公场所和家庭住所。与简单的自动刨笔机或手持卷笔刀相比，电动刨笔机价格很高，目标受众是大量使用铅笔的消费者。约翰·斯坦贝克就很喜欢电动刨笔机：

> 电动刨笔机好像太贵了，不过，没有什么比电动刨笔机对我更有助益的东西了。为了削好一天要用的铅笔——我也不知道具体数目，不过至少要60根——要是用卷笔刀的话，需要耗费大量时间，我的手也会累坏。用电动刨笔机一下子就能把一天要用的铅笔全削好，之后就不用再削了。

"当我以正常的握笔方式抓着笔，笔头包橡皮的金属包箍能碰到我的手时，这支笔也就没法再用了。"斯坦贝克写道（废弃的笔头拿给他的孩子用）。铅笔越用越短，这个道理不用人说，不过纽约边缘青年办公室在1998年给附近学校学生发铅笔时，肯定忘了这一点。铅笔上印着"不聪明的人才会吸毒（TOO COOL TO DO DRUGS）"，学生们很快就发现，铅笔用短之后，上面的字就变成了"聪明的人才会吸毒（COOL TO DO DRUGS）"，再短一点就成了"吸毒（DO DRUGS）"。一直没有人注意这一点，直到一个十岁的小孩指出这个问题。后来，铅笔公司调整了标语的印刷方向，这才解决问题，铅笔用短之后只剩下"聪明（TOO COOL）"二字。后来，这家公司的发言人承认，"我们竟然没能早点发现这个问题，当时还挺尴尬的。"

一般而言，铅笔用短了不是什么问题——可能握起来不太舒服，但不会引诱学生去吸毒。一旦铅笔太短，用起来不舒服，大多数人会换根新的——用短的那根丢进手机旁边的罐子里，或者扔进抽屉里，跟线头或废电池放一起。不过，其实我们可以延长铅笔的使用寿命。铅笔延长器种类繁多，但基本上都包括一端开口的柄轴，以便套住铅笔头。用螺旋装置或是金属环固定铅笔位置，就可以继续用，直到铅笔头完全用光。不过，过于华丽的铅笔延长器可能会让你看起来像伯吉斯·梅恩迪思——《蝙蝠侠》里的企鹅人，或是《101真狗》里的库伊拉·德维尔。

铅笔延长器几乎把书写工具又打回了远古时期——在木杆铅笔普及之前，人们用的是铅笔套、铅笔杆。那时候，当尖笔头变钝，人们把笔削尖再套回去。17世纪出现了一种内置弹簧的铅笔套，可以把铅往外推，人们视它为原始自动铅笔。1822年，伦敦土木工程师约翰·艾萨克·霍金斯（John Isaac Hawkins）和银匠桑普森·莫丹（Sampson Mordan）设计出所谓的自动铅笔，获得专利。莫丹买断了霍金斯的那部分专利，携手文具商加百列·里德尔（Gabriel Riddle），开始生产"永不变钝的铅笔"。因为无须自己削笔尖，莫丹生产的铅笔比其他铅笔干净得多，很快就风靡起来。其他公司纷纷效仿，推出各自的自动铅笔，不过多数只是博人眼球而已，并不能用于书写。

　首支真正意义上的活动铅笔其实是伊利诺伊的查尔斯·基兰（Charles Keeran）发明的。他发明的永锋铅笔于1915年获得专利，相比同时期其他的铅笔，有极大的改良。笔管中可以放好多根铅芯，"足足够写25万字"。1917年，沃尔公司收购永锋，几年内，铅笔日产量就达到了3.5万支。永锋活动铅笔的历史常与同时期一个日本品牌出产的活动铅笔混淆，这个品牌由早川德治（Tokuji Hayakawa）创立。早川德治生产的"永尖铅笔（Ever-Ready Sharp Pencil）"最终简化为"尖笔"（Sharp Pencil）。虽然早川的公司后来转行做电子产品，可品牌名称——夏普（Sharp）——还是能让人想起他早期的成就。日本的活动铅笔一直领先——2009年，三菱铅笔公司推出的三菱 Uniball Kura Toga 铅笔带有棘齿装置，笔尖每与纸面接触一次，棘齿装置就会转动一次笔尖，确保笔尖不被磨钝。

　看到这样的发明，也就不难理解传统铅笔生产商为何视活动铅笔为威胁了。不过，施德楼试图将活动铅笔与至少部分传统木质铅笔相结合，于是在1901年推出施德楼·诺瑞斯系列铅笔。这种黄黑条纹交替的活动铅笔的身影，至今仍出现在世界各地的教室中。沿用黄黑色设计使得这款活动铅笔十分特别——既熟悉又陌生，就像又短又宽的宝马小舱（Mini Hatch）或是新式的双层巴士。将现代设计与传统相结合看似不怎么样，不过用黄黑条纹设计的并不止施德楼·诺瑞斯系列活动铅笔。有一日，我在看游戏，突然发现任天堂公司出了一款黄黑条纹设计的尖笔，"模仿HB铅笔制造的新式尖笔"，说明书背面写道。整件事看起来有点诗意——铅笔源自古希腊、古罗马人用来在蜡板上写字的铁笔，而现在人们又开始用这个售价2.99英镑的小玩意儿。Suck UK 公司推出的"素描尖笔"更强化了这种联系——这支木制铅笔中隐藏着一个小秘密：笔头的"橡皮"其实是一支内置的尖笔，可以在电子屏上书写。这种导电橡皮完全适用于苹果平板电脑、苹果手机及其他设备。

铅笔，尖笔，平板，循环往复。

第五章

人非圣贤,孰能无过

大卫·林奇（David Lynch）执导的电影《橡皮头》（*Eraserhead*）中有这样一道场景：亨利（主角，由倒霉的杰克·南斯扮演）的脑袋突然掉落在地上，一个小男孩捡起他的脑袋，跑去一家工厂。工人拿空心钻从亨利的脑袋里钻取了一块圆柱条，放进机器里。机器呼呼作响，传送带载着一排铅笔穿过机器，从亨利脑袋里取出来的圆柱条被切割成小块，固定在铅笔的一头，成为橡皮（"橡皮头"一词由此而来）。最终，机器吐出成品，操作员拿起一支笔，削尖笔尖，在纸头上随手画了一道线，然后用橡皮头来擦。测试完，他点了点头说："还不错。"亨利的脑袋可以制造出好用的橡皮擦，小男孩也为此得到了一笔钱。不过，据我调查，橡皮擦并非由此而来。

千百年来，真正用来制造橡皮擦的材料名称不一——生橡胶、三叶胶、黑胶、科伊克（kik）凝胶。这些材料取自各种长于热带国家的植物汁液，最早用这些材料的是奥梅克人[1]，三千五百年前在墨西哥形成的最早的文明。当时，这些材料主要用来制造坚硬的球，用于美索美洲一项十分残酷的球类运动（即后来的"乌拉乌"运动）。奥梅克人混合卡斯蒂利亚的橡树浆与番薯属植物的汁液（毫不费力，这两类植物通常生长在一处），制成结实而有弹性的橡胶条，这些橡胶条可以盘成球，还可以用来制造防水布或是简单的手工制品。

---

[1] 奥梅克人：生活在墨西哥的古印第安人。

不过，西方世界对此材料一无所知。直到十五十六世纪，新大陆开始出现一些报告，阐述了这种材料的特性。十八世纪中期，法国科学家夏勒·玛丽·德·拉·孔达明（Charles Marie de la Condamine，简称拉·孔达明）和弗朗索瓦·弗雷诺（Francois Fresneau）看到了这种"新"材料的潜力。1751年，拉·孔达明将他与弗雷诺的研究呈交给巴黎科学院——这是史上第一份研究这一方向的学术论文（1755年出版，名为《弗雷诺于卡宴新发现的弹性树胶水纪事，及法属圭亚那地区各类乳状树胶使用说明》[1]）。不过，直到十八世纪后期，人们才开始利用这种弹性树胶做铅笔上的橡皮头。

率先认识到这一点的貌似是英国文具商爱德华·奈恩（Edward Nairne）。1770年，约瑟夫·普里斯特利（Joseph Priestley）在《思维认知理论与实践通论》（*Familiar Introduction on the Theory and Practice of Perspective*）一书的序言中写道，他已经"发现这种物质是擦除铅笔在纸上所留痕迹的绝妙材料"，并在脚注中注明：

> 因此，这种材料对作图工作者而言十分有用。数学用具生产商奈恩先生就在皇家交易所对面卖这个，一小块半英寸左右，卖3先令。据奈恩说，一块能用好几年。

---

[1] 原文是Memoire sur une resine elastique, nouvellement decoucerte a cayenne par M. Freseau; et sur l'usage des divers sues laiteux d'arbres de la Guiane ou France equinoctiale。

显然，普里斯特利很喜欢这个从奈恩那里买来的东西，用它擦铅笔字又快又好，于是给它起了名字，也就是如今我们熟知的"橡皮（rubber）"。

在那之前（实际上之后一段时间仍然如此），要擦除铅笔字，人们都用陈面包。甚至直到1846年，亨利·奥尼尔（Henry O'Neill）在《绘画艺术指南——如何使用铅笔、粉笔和水彩颜料》中还在告诉读者：

> 用铅笔画阴影时，需要用墨质较软的铅笔先浅浅地勾勒出轮廓，然后用橡皮或面包屑擦除画错的地方。

尽管如此，到19世纪，橡皮取代面包屑，成为人们擦除铅笔痕迹的首选工具，身处饥肠辘辘的人群之中的制图员们可算松了一口气。

19世纪30年代及40年代初，美国发明家查尔斯·古德伊尔（Charles Goodyear）想出一套进一步稳定橡皮擦性能的方法（纯天然橡皮遇冷变硬，容易断裂，遇热则会变软变黏）。古德伊尔在橡皮中加入硫黄，加压蒸煮，制出的橡皮擦更加耐用。不过，1844年，英国的托马斯·汉考克（Thomas Hancock）捷足先登，抢在古德伊尔前面获得了所谓的"硫化（vulcanisation）"（意为"放进火中"，该词源自Vulcan，是罗马神话中的火神）专利。古德伊尔研制出新产品后寄给了英国的各大文具公司，展示新品潜力，没来得及申请专利。而汉考克似乎通过研究古德伊尔的样品，用逆向开发的方法（他注意到新产品有点泛黄，而这是由硫黄引起的）找到了硫化法，因此抢先申请了专利。古德伊尔发明了硫化法，却未能获得实质经济报酬——直至离世都还负债——只有轮胎公司以他的名字命名，以示敬意。"原作者并不会抱怨，"古德伊尔写道："人不应该单单以金钱衡量职业的好坏，虽然很多人都这么做。若一个人种下了种子，结出的果实却无人去收，这才是遗憾。"

硫化后的橡皮擦更加耐用，迅速在文具界占据一席之地，1858年铅笔和橡皮擦合二为一。1858年3月30日，宾夕法尼亚州费城的海门·L. 李普曼（Hymen L. Lipman）设计出"铅笔与橡皮擦结合体"，获美国专利19783。李普曼的设计包括一支"普通的"铅笔，只不过只有3/4是铅笔芯，剩下的1/4是一截橡皮：

> 这种铅笔制造过程与普通铅笔无异，一端用于书写，另一端是橡皮，十分有用，可擦除线条、数据等等，不易弄脏，也不容易遗落在桌上。

1862年，海门·李普曼以10万美元左右的价格把专利卖给了约瑟夫·雷肯多费尔（Joseph Reckendorfer）。后来，雷肯多费尔投入大量资金改进这一专利，推出了自己的产品。可是埃伯哈德·辉伯（Eberhard Faber）也开始卖同类产品，1875年，雷肯多费尔把埃伯哈德告上法庭，结果，李普曼和雷肯多费尔的专利双双被判无效。李普曼只是将现有的两样物品（铅笔和橡皮擦）拼凑在一起，并未"因此产生原本两者不具备的新功能或新产物"。法庭认为，李普曼的设计就像是用锤子把螺丝刀钉进把手或者把锄头绑到木柄上。两者结合自然能提供便利，但仅仅如此并不构成发明，不够资格申请专利。在专利申请中，李普曼甚至没有声明自己想出了"将铅笔一段与橡皮擦结合"，反而一再使用"普通"这一说法，这一做法毫无用处。

不过，李普曼的专利倒是说明了一个现象，即世界分为两大阵营：一派喜欢铅笔上带有橡皮，一派倾向于铅笔和橡皮擦分开使用。在专利申请中，李普曼解释了他为什么倾向于铅笔上带有橡皮擦——不易弄脏、也不容易被遗落在桌上。他的立足点在于"便利"。万一写错了，你知道橡皮擦就在那——调转笔头就能擦掉错字。我个人一向不喜爱带有橡皮擦的铅笔。铅笔端的橡皮擦比较硬，没有单块橡皮擦好用。万一它断了或是用光了，金属包箍就会刮到纸张，一想到这我就不舒服。

"带橡皮擦的铅笔"之争似乎主要存在于美国和欧洲之

间。在美国，铅笔一端套着橡皮擦天经地义；而在欧洲，这样的笔是特例。当然，两大阵营之间也没有那么泾渭分明：埃伯哈德·辉伯想尽办法弱化美国、欧洲之分。美国人约瑟夫·雷肯多费尔声称想出了"将铅笔与橡皮擦结合"的创意，德国人埃伯哈德打破了这一说法，不仅如此，他还推出了单块橡皮擦——粉珍珠，这种橡皮擦后来成了美国教室中司空见惯的文具。

"粉珍珠"是埃伯哈德·辉伯"珍珠"系列铅笔设计的一部分，式样简单，粉色，长斜方形。这种橡皮擦在生产时掺入了浮岩和油膏，故而呈粉色，质地也较柔软。天然橡皮和人工合成橡皮都可用来制造橡皮擦，橡皮本身只是黏合剂，只占橡皮擦的10%至20%。除橡皮外，还需要植物油和硫黄，即"油膏"。油膏才是橡皮擦起作用的关键。另外，根据不同橡皮擦的需要，还会加入粗糙的浮岩或玻璃粉以改变橡皮擦质地。

1916年，"粉珍珠"橡皮擦上市。同一时期，义务教育法也在美国推行开来（1918年，密西西比州最后一个推行义务教育法）。橡皮擦既便宜又好用，很快就进入各个教室。英国人可能没怎么听说过这款橡皮，可它在美国可谓家喻户晓。1967年，艺术家维加·赛尔明斯（Vija Celmins）对橡皮擦赞誉有加，煞费苦心地用巴沙木雕刻出一系列"粉珍珠"橡皮擦，还上了色，十分逼真。这些雕塑将默默无闻的橡皮变成了一种标志，这正是橡皮应得的——雕塑尺寸为 $6^5/8 \times 20 \times 3^1/8$，安置在艺术馆中。10年后，雅芳以自己的独特方式向"粉珍珠"致敬，推出了"粉珍珠"指甲刷（"上学、玩耍、写作业，手指忙碌了一天，需要指甲刷清除指甲里的污垢！"）。

"粉珍珠"橡皮擦长斜方体的造型和颜色广为人知。至今，我们仍能在比百美文具店看到类似的橡皮擦（不过，"粉珍珠"这个名字略有改动，先是变成了"埃伯哈德·辉伯粉珍珠"，后来改成"桑福德粉珍珠"，最终变成"比百美粉珍珠"）。尽管由于公司间的并购，粉珍珠橡皮擦的名字几番变动，但其造型始终如一——Photoshop 里的样本、形状颜色都没改变，显然是沿用了原版粉珍珠的设计。现在，Etsy[1] 上有粉珍珠磁石、粉珍珠徽章，还有内嵌 USB 记忆卡的粉珍珠橡皮擦卖。

20世纪初期，合成橡皮、聚合物以及塑料工艺逐渐成熟，人们可以制造出不同形状、不同颜色以及不同气味的橡皮擦。楔形粉珍珠的棱角被磨圆，因为尖锐的棱角在运输途中有可能折断，圆润的橡皮擦握在手里也舒服些。如果材料结实一些，就可以制出更方正的橡皮，例如干净的白色施德楼 Mars Plastic 橡皮擦（"真正做到无残留，仅有少量废屑"）或是 Rotring B20 橡皮擦（"橡皮擦屑会带走铅笔痕迹和灰尘微粒"）。

黄褐色的"阿特冈（Artgum）"方形橡皮擦、米黄色"魔力擦（Magic Rub）"橡皮擦、青绿色"擦擦净（Rub-A-Way）"橡

---

[1] 手工艺品销售网站，运营模式类似于易贝网和淘宝。

皮擦、蓝灰色"揉捏油灰（Kneadable putty）"橡皮擦、白色的塑料立方体橡皮擦——各式各样的，始终正儿八经。不过，制橡皮擦的原料功能多样，可以制造点乐趣。新奇的橡皮擦有的是人物造型，有的是动物，有的是日用品（我妹妹有一块牙刷造型的橡皮擦，黄色的手柄，白色的硬短毛），有的是各种水果（还带有相应的水果香味，草莓橡皮擦闻起来像草莓），还有的橡皮擦冒充别的文具：铅笔造型的橡皮擦，既便宜，又好看，看着还很实用，自然成了学生们收藏的对象。

橡皮擦造型千奇百怪，不过，传统的长斜方形造型一直保留至今。有的橡皮分成两部分，一半呈白色或粉色，用来擦除铅笔痕迹，另一半呈灰色或蓝色，比较粗糙，用来擦除墨水痕。铅笔留下的痕迹在纸张表面，所以很容易擦掉，但墨水会渗入纸张纤维，很难擦干净。很长一段时间内，消除墨水痕迹的唯一办法就是连纸一起扔掉。要除掉不同纸张上的不同墨水痕迹，需要采用不同的方法：橡皮擦比较粗糙的一端用于擦除普通纸张上的墨痕；轻石可以用来擦掉羊皮纸上的墨痕；甚至还可以用刀片。上大学学绘画时，我用的就是刀片——用刮胡刀片的尖角小心翼翼地刮去描图纸或绘图纸上的墨痕。偶尔手指会被刀片割伤，那幅画就毁了。因为刀片不好用而割破手指毁掉画作，若这是最糟糕的情况，我还算是幸运的。19世纪早期及20世纪初期，橡皮擦看上去更像是外科手术刀，而不像办公室用品，常有人割伤手。

1909年,《纽约时报》有则题为《在办公室狂欢中被刺死》的报道,据称,快乐大道425号楼里,15岁的乔治·S. 米勒（George S. Millitt）告诉同事那天是他生日。跟他一起工作的女孩开始逗他,说既然是他生日,那她们应该送他一个吻。"所有人都决定,一下班就让女孩吻他,以后每年都如此。"他笑笑说,女孩们不会靠近他的。

四点半一到,一天的工作结束,女孩们全都向他跑去。她们试图包围他,而他则试图突围。突然间,他感到一阵晕眩,倒向地面,倒下去的时候,他说,"我被刀捅了!"

看样子,他试图躲开同事的时候,不小心被自己橡皮上的刀片捅了。米勒供职的大都会人寿保险公司财务主管助理约翰·R. 赫格曼跟警察说,"米勒的死完全是场意外,很遗憾,本可以避免的。"米勒是赫格曼招进公司的,赫格曼认为"他在办公室干得很好,也很受欢迎"。赫格曼说,在米勒口袋里发现的橡皮擦是"公司每位员工都配备的基本文具"。这件事给了我们一个教训：如果上班那天是你生日,千万不要告诉任何同事。想活命就闭嘴。

20世纪,打字机越来越常见,人们需要改正打印错误的办法。要擦掉打印出来的一段字迹,需要更加坚硬粗糙的橡皮擦。为保精确，橡皮擦做得很像放大版的扁硬币，便于单次擦掉个别字母。橡皮屑掉进打字机会致使机器卡住，所以，圆盘状的橡皮擦上往往附有长刷子——克拉斯·欧登伯格（Claes Oldenburg）[1]创作了"大号打字机专用橡皮擦"这一艺术作品来赞美这种橡皮擦设计，作品现存于华盛顿的国家美术馆。

当然，打印出来的错字是没法彻底擦干净的，你只能掩饰它，把它藏起来或者遮住。贝蒂·内史密斯·格雷厄姆（Bette Nesmith Graham）就是这么做的。贝蒂·麦克默里（Bette McMurry）17岁离开学校，申请去得克萨斯州的一家律所当秘书，尽管她不会打字。她很幸运，得到了这份工作——公司甚至送她去秘书学校进修。1942年，她嫁给沃伦·内史密斯（Warren Nesmith），第二年生下儿子迈克尔。这段婚姻并未持续多久，没几年他们就离婚了，贝蒂得独力抚养迈克尔。不过，她工作努力，坚强不屈，1951年就成了达拉斯得克萨斯银行与信托公司的总秘书。但她的打字水平依然不怎么样。很长一段时间内，这都不是问题，只要把打错的字擦掉重打就行。可是，后来，公司采用了IBM电力打印机，她发现新机器碳膜色带出墨跟以往的墨水不同，要是用打字机橡皮擦掉错字，新打上去的字会洇开。

不过，贝蒂找到了解决方法。圣诞节，为了多挣点钱付账单，她主动留在公司加班，装饰银行窗户的时候，她看到

---

[1] 瑞典公共艺术大师，有无数的雕塑、素描、绘画及行动艺术作品。

油漆匠在刷招牌,"油漆匠从来不把旧字母擦掉,只会再刷一遍漆,遮住错字",内史密斯后来写道,"于是我决定用油漆匠的办法。我从瓶子里倒了点水基颜料,拿上水彩笔,去了办公室,用这个东西涂掉了我打的错字。"过了几天,同事们也来找她借这个用,她从中看到了新产品——她叫它"消错液(Mistake out)"——的商机。在儿子迈克尔的一位化学老师和当地一位油漆商的建议之下,她花200美元请一位化学研究员帮她研发出了含溶剂的配方,比之前的水基颜料干得更快。新配方改名为"液体纸"[1](Liquid Paper),申请了专利,贝蒂不仅在朋友和同事中售卖,还走向了外部市场。

她在车库里搭了个小型生产线,迈克尔每个月帮她装几百瓶"液体纸",用的瓶子都是番茄酱瓶。1957年,一家杂志报道了这一产品,产品月销售量超过了1000瓶。虽然产品需求量增加了,但贝蒂并没有辞去银行的工作,直到有一天,她突然被开除了。十分讽刺的是,她被开除,是因为打印错误。有封信需要打印出来给老板签字,信上应该打印银行的名字,可她打成了"液体纸公司"。游戏结束。

丢了银行的工作后,贝蒂全身心投入到了自己的事业之中,但成功总是来之不易——更何况迈克尔也不在她身边帮忙了(1965年,迈克尔看到广告,有部新电视剧因角色需要,招收民乐或摇滚乐音乐人或歌手,他去面试了,现在是门基

---

[1] 液体纸:白色快干液,涂盖错字,可以重写。

乐队[1]的一员）。1968年，她的公司每天生产一万瓶液体纸，当年总产量超过100万瓶。随后几年，公司更是蒸蒸日上——到1975年，年产量达到了2500万。四年后，吉列公司以4750万美元的价格收购了贝蒂的公司——直到2000年，每卖出一瓶液体纸，贝蒂都能得到一份利润。不过，最后，贝蒂的儿子名声大噪，相比之下，她黯然失色，她的发明和从商能力只不过是酒吧竞猜机里一条冷知识问答的答案罢了。1980年，贝蒂去世，迈克尔继承了2500万美元——这笔钱帮他实现了办"流行音乐剪辑（Pop Clips）"节目来播放音乐视频的愿望。这个节目无意之中促成了后来的"全球音乐电视台"（MTV）的产生。视频兴盛，音频歌手失意，这都是修正液赞助的。

"液体纸"和"立白修正液（Wite-Out）"在美国家喻户晓，迪美斯（Tipp-Ex）修正液则是欧洲的"液体纸"。迪美斯用于改正打印错误，不过它最初并不是修正液——沃尔夫冈·达比什（Wolfgang Dabisch）办的这家公司成立六年后，才在1965年推出修正液，供打字员使用。达比什提交过不少专利申请，在其中一份申请中，达比什指出，最初的迪美斯是"用来擦去不小心在打印纸上打错的文字"的，产品包括：

> 相对结实的基纸，覆盖一层别的成分。覆在上面的表层有微孔，物质不能渗透到基纸上。表层与基纸黏合

1　门基乐队：The Monkees，香港译作猴子乐队。

不紧，打字机按键会将两者分开，因此，借助可压缩的表层，比较结实的基纸，还有打字机按键，就可以起作用了。

这段话实际上是说，这种修正液就是一种纸，如果打印出错，往回倒一格，将迪美斯贴在纸上，再用打印机按键在上面打字，按键会将迪美斯修正液表层的白色物质打印到纸上，撕掉基纸，就可以返回起点，打印正确的内容了。在这个用 MS Word、Pages 和 Scrivener 软件的时代，上诉过程复杂得难以想象，但以前就是如此。

看到液体纸这样的产品如此成功，达比什也研发了类似产品的自主品牌。他的迪美斯修正带已经为他打开了分销渠道，在此基础上，他建立了迪美斯品牌，推广到整个欧洲。此刻，贝蒂的产品还在车库呢。达比什的迪美斯大获成功，不仅在英国成了修正带的代名词，甚至还成了一个动词。我们"迪美斯"修正错误，就像用"胡佛吸尘器（Hoover）"清理地毯一样——谷歌上这样的句子不胜枚举。

有天我去佛乐斯文具店（还是我买维洛斯–1377旋转文具收纳盒的那家店）闲逛，看到一个奇怪的东西。架上放着一排排熟悉的迪美斯修正液及其他修正液（Snopake 和 QConnect），在这些修正液后面，我瞥到一个从未见过的东西。我伸手去够，拿出两个落满灰尘的瓶子。两瓶都是迪美斯，但跟放在前排的那些截然不同，其中一瓶偏米黄色——时间太久褪了色，还是一直如此？我仔细看了看，标签上写着"迪美斯航空邮件涂改液，用于航空信件或轻量纸张（art.no 4600）。"两个瓶子上都印着一行小字：西德产品。这就表明，早在德国统一之前，它们就在佛乐斯的架子上了。我买下了它们，尽管瓶子里的涂改液早就干涸，已经不能使用了。

修正液最初是（现在也是）小瓶装的，瓶盖下面是涂胶刷——就像指甲油那样。这种设计理想吗？这种瓶装设计的缺陷很明显——瓶子可能打翻，修正液会洒在桌上；瓶口的修正液会变干，堵住瓶口；瓶里的修正液也会凝固，黏稠的涂料成分日久变硬，而轻薄的水基溶剂则与涂料分离，浮于上层；瓶中上半部分的修正液变硬，使与之接触的涂胶刷短毛四面分叉，再拿出来用时就不能准确涂掉错字了，弄得一团糟。

派通公司当然很不满意。这家日本文具公司觉得，他们可以改良这种瓶装设计。于是他们搜集了一堆用完了的修正液空瓶，开始研究：很多瓶子里面还有修正液，但都已经干了，涂胶刷短毛也分叉了；有些有泄漏的迹象。得做点什么。

1983年，派通公司推出新款修正液设计——方形小瓶，瓶头是弹簧驱动的尖头，尖头套在盖子里。新设计抛弃了涂胶刷，使用前须将瓶子倒置，像滴眼药水那样滴出修正液。瓶口尖头和瓶身形状都做了改良，1994年，他们又推出金属尖头笔状瓶身的设计。谁还会去用以前的那种瓶装修正液呢?

随着修正带的出现,修正液又一次面临挑战。1989年,日本一位橡皮擦制造商发明出修正带。1915年,悉德(Seed)公司成立,与派通公司一样,他们也对传统修正液瓶不甚满意,但悉德的新设计是固体的修正带,有点像达比什最初设计的迪美斯修正带。这款新设计花了悉德公司三四年的时间,直到1989年才上市发售。可是,不过三年光景,迪美斯就推出了自己的新产品迪美斯口袋鼠(Pocket Mouse),三年后又推出迷你版。修正带中的白色感压纸带通过塑料头(迪美斯口袋鼠的塑料头采用老鼠造型,造型本身无实际意义)按压贴合在纸面上,覆盖掉错字。修正带明显比修正液好用,因为它已经是固体了,可以直接在修正带上写字,修正带也不会像修正液那样洒出来。

修正液瓶身还需要改良,但没有多少改良空间。迪美斯已经将涂胶刷改成了泡沫喷头,能够"准确利落地修正错误"。

除了涂掉错误重新打字,要擦除错字还有很多更为科学的办法。20世纪30年代,德国百利金钢笔公司研发出一种"墨水漂白剂",旧称"擦除水"[1]或是听起来更险恶的"墨水之死"[2]。1972年,产品名改得更有气势却含义模糊,叫"墨之

---

[1] 擦除水:原文是德文,Radierwasser。
[2] 墨水之死:原文是德文,Tintentod。

虎"[1]，两年后又改成了"墨之闪电"[2]。

用"斯隆的消墨灵"（Sloan's Ink Eradicator），华特曼钢笔公司出品）这种需要搭配使用的产品，你可以在面前的纸上做个小小的实验。盒中装着两个小瓶子（分别标着1和2）。使用者可以先晃动前一个，用瓶口尖头不断划动，直到墨迹变软，然后用吸墨纸吸走多余修正液，接着开始用第二瓶。不过，使用说明指出，"重复一遍第一步操作，不要把纸面弄脏"。这个产品还可用于清除白色布料上的"墨渍、咖啡渍或果汁渍"，重复上述操作，然后用清水洗净即可（"注意，彩色布料不可用消墨灵清洁"）。

1977年，百利金推出"Pelikan-Super-Pirat"两头钢笔，一头是墨水消除剂，另一头是永久性的墨水钢笔，可以用来重写被擦去的字母或单词。用这种消除剂，你只有一次机会改正错误，因为墨水消除剂不能消除永久性的墨水。墨水消除剂不提供第二次机会；这是不可原谅的。

巴斯夫股份公司，一家"化工公司"，公司的播客[3]（没错，巴斯夫股份公司也有播客）解释了墨水消除剂的工作原理：

> 我们首先了解一下墨水为什么是蓝色的。墨水中

---

[1] 墨之虎：原文是德文，Tintentiger。
[2] 墨之闪电：原文为德文，Tinten-blitz。
[3] 播客，台湾亦常直接称作"Podcasting"，是一种在互联网上发布文件并允许用户订阅feed以自动接收新文件的方法，或用此方法来制作的电台节目。

含有扁平的圆盘状颜色微粒，微粒中有许多高速自由移动的电子。光照到电子上，大部分会被电子吸收或"吞噬"，只有蓝色光线会被反射回来。所以我们看到的墨水是"蓝色"的。

墨水消除剂给这些"颜色分子"造成了干扰：

  现在来说说墨水消除剂。消除剂中含有大量石墨，改变了颜色分子的构成。原本扁平的分子变成了金字塔型，无法再自由移动，没法均匀分布。这样造成一个结果：它们反射了几乎所有的光。

因此，尽管那些词还在原处，但我们再也看不到了。听起来很不可思议：

  听起来不可思议，其实不过是一个化学小技巧。

这种墨水消除剂只适用于特定颜色的墨水——世界上大多数钢笔使用的宝蓝色墨水。墨水消除笔的配方不同于墨水消除剂，因此不会受其影响。百利金交代了一个关于墨水消除笔的重要信息：

人们在选择墨水成分时，注意到了不能添加危险物质。因而普通人即使不小心吞食了墨水，也不会受到伤害。尽管如此，我们还是提醒消费者，墨水毕竟不是营养品。

这一点值得牢记：墨水可不是拿来当营养品用的。

墨水消除剂只适用于宝蓝色钢笔水，那圆珠笔怎么办？圆珠笔墨水跟钢笔水不同，用这种消除剂只会弄得一团糟，还会毁掉消除笔的笔尖。因此必须另想办法。

20世纪70年代，当其他人都在做那个时代的人喜欢做的无聊之事时，比百美正忙着研发新型可擦除墨水，经过十年研究，可擦圆珠笔（Replay pen，在美国则叫 Erasermate）终于在1979年上市。可擦圆珠笔用的墨水不像一般圆珠笔墨水那样黏稠。由于配方不同，要想流畅不断地出墨，必须施加外部压力。因此，这种笔像费舍尔太空笔那样，可以倒着写字；要是你喜欢躺着写字，还喜欢（这里的"喜欢"可不是我有意使用双关）拼错词，这种笔用起来应该很顺手。可擦圆珠笔的消除笔就在笔套上，用起来跟带橡皮擦的铅笔一样（"写起来像水笔，擦起来像铅笔！"），只是有一点，它出墨不太顺畅，而且擦字会产生碎屑。

曾经，铅笔与水笔截然不同，界限分明，而美国三福公司努力想要模糊这道界限。就像比百美的可擦圆珠笔一样,"液体铅笔(2010年上市开售)"也想写起来"如水笔般流畅",擦起来"如铅笔一般"。液体铅笔"颠覆传统,采用液态石墨","铅笔尖再也不会断了",宣称要"重新定义'书写'"。这种液体铅笔的特性颇为神秘——连三福公司自己都搞不懂它的作用原理。起初,他们宣称,液体铅笔与普通铅笔一样,写完就能擦掉;但是若不及时擦掉,笔迹就会像水笔痕迹一样渗入纸张。可后来,他们又改了说法,"这种笔不像记号笔,你总能擦掉一些痕迹的"。他们觉得有必要更改说法,说明只要你擦得够努力,就算液体铅笔留下的痕迹已渗入纸张,你也能擦掉一些。唯一的限制似乎只在于你的决心。有些墨水是如此敏感,以至于它们在无意之中就被擦干净了。

百乐可擦笔[1]使用高温消字法。当温度高于65摄氏度时,热敏墨水就会变透明。墨水中含有特殊的"微囊体"颜料,包含三种成分:"染色物质"、"显色剂"以及"调色剂"。室温下,"染色物质"与"显色剂"相结合,墨水显现;百乐可擦笔一端有橡皮头,用它擦墨迹,摩擦导致温度升高,"调色剂"被激活,与"显色剂"结合,墨迹奇迹般消失。

因为用的是热敏墨水,所以产品说明提醒消费者,要让文件远离"暖气片、车厢内部或高温天气,甚至不要反复

---

[1] 百乐可擦笔:Pilot FriXion,台湾称之为魔擦钢珠笔,香港则称之为擦擦隐形笔,是百乐公司出产的中性笔。

影印文件",否则文件上的墨水会消失不见。就连将水笔放在阳光下晾晒都会导致笔内墨水受热,万一出现这种情况,墨水就有可能变成透明色。百乐公司建议消费者将文件(甚至连同水笔本身)存放在冰箱里,温度低至零下12摄氏度时,热敏墨水会重新显现。看样子,用百乐可擦笔写出来的任何内容都在"可见"与"不可见"这两种状态之间徘徊,决定因素则是天气。显然是出于这个原因,百乐可擦笔附有一份提醒:

注意
此产品不宜用于签名、法律文件、试卷或其他需要长期保存的文件。

法律文件(支票、合同、结婚证)这种东西,你肯定希望你签的文件只有律师能够改动,而不是任何人用个吹风机就能改吧。要抹去一些东西倒也有正当理由——想改正拼写错误,或者仅仅为了精简句子,但有些人居心不良,想利用文具捞点好处。

弗兰克·阿巴内尔(Frank Abagnale)估计是20世纪最成功的骗子。他伪造了一系列身份(飞行员、医生、律师),在20世纪60年代初,用假支票捞了上百万美金,最后他被抓捕,坐了12年牢。2002年,他的自传《猫鼠游戏》被斯蒂文·斯皮尔伯格（Stephen Spielberg）拍成同名电影，莱昂纳多·迪卡普里奥（Leonardo DiCaprio）扮演阿尔巴内。他的行骗生活十分刺激。不过，出狱后，他开始教银行和商业机构如何防止诈骗。如今，他环游世界，到处分享自己在这方面的知识。

在《行骗的艺术》一书中，阿尔巴内详细说明了骗子是如何用文具修改激光打印支票内容的：

> 他们用思高（Scotch）透明胶带——灰色、混浊的那种，揭下来不会扯坏纸张的那种——贴在金额数目和收款人上，用指甲刮胶带，使之紧紧地黏在支票上，然后揭掉。金额数目和收款人姓名地址就这样被黏掉了。墨水中的调色液黏在思高胶带上，被拽离纸张纤维。若有任何残余，用高分子聚合塑料橡皮擦就能擦干净。

2006年，阿尔巴内联手史泰博文具公司，开展"粉碎全美骗术"活动，向人们宣传保护个人信息的方法。也许——照宣传方的说法——最好的方法就是买个史泰博碎纸机，果然如此。阿尔巴内还联手笔具制造商 Uni-Ball，研发了207中性笔（"世上唯一不会被化学试剂或溶剂消除笔迹的笔"）。207中性笔使用的是"特制墨水，含有颜料分子。这种颜料分子能充分被纸张纤维吸收"。也就是说，墨水完全"困"在纸中，无法改变，这样一来，支票和文件就安全多了。

最终，阿尔巴内差不多洗清了自己曾用文具犯下的过错。实际上，最初将他引上犯罪之路的恰恰是文具本身。年少时，他曾在父亲的文具店仓库打工，是不是手边成堆的橡皮擦和成卷的思高胶带给了他犯罪的灵感呢？

第六章
带走我吧，我属于你：藏在文具中的小心机

有些人（包括我）认为买文具是件乐事。身处文具店，周围充满无限可能。借助文具，你可以面目一新，变得更加优秀。买下这套索引卡和那些记号笔，意味着我终于要变成自己向往已久的那种有条有理的人了；买下这本笔记本和这支笔，意味着我终于要动笔写小说了。不过，有时候，人们买了新文具后有点兴奋过度。莫里西（Morrissey）曾说，逛瑞曼文具店分店是"人生最棒的性爱"（尽管他可能是想说"跟莫里西在一起才是最棒的性爱"）。也有人对文具完全无动于衷——有些人从来不买新文具，有些人要用笔和纸时就到处搜罗能拿到这些东西的地方。文具对他们而言等于免费素食主义[1]。

1973年，阿戈斯[2]在英国开设了它的第一批店，从此，这个百货零售连锁店就跟店内出名的蓝笔密不可分。顾客先用这些蓝笔记录下待购商品的产品样本号，然后去收银台排队付钱，接着再去指定取货窗口领取商品。所有人都很熟悉阿戈斯的蓝笔，但有多少人真正了解它呢？我决定去当地的分店弄点笔回来用。一看就知道，这些笔真是便宜得不能再便宜了。我完全想象得出，这支笔是故意设计得让人握着不舒服，以免有人把笔偷走。这么做多少显得小家子气，但是完全说得过去。这种暗示十分微妙，甚至值得赞扬。如此巧妙

---

[1] 免费素食主义：这类人以素食为主，除非肉类是免费的。
[2] 阿戈斯：Argos音译。英国家喻户晓的百货零售连锁商，其经营范围涉及五金交电工具、汽车配件、家具、文化用品、珠宝首饰、玩具等。

地把笔设计得毫无吸引力，人们都不想把它偷回家。如此一来，店家既不失风度，又解决了问题，节约了成本。这种做法实际上运用了理查德·H. 泰勒（Richard H. Thaler）和卡斯·R. 桑斯坦（Cass R. Sunstein）提出的"助推理论"（Nudge theory），一种较为温和的思维控制形式。

当我使用阿戈斯的蓝笔，为它的廉价而付出代价时，我开始好奇，他们每年生产多少支这种笔？官网信息表明，他们每年要接待一亿三千万位顾客。肯定用了很多笔，但具体用了多少支呢？为了弄清楚，我给他们发了邮件。几天后，我收到回信，信中说，感谢我咨询，但因为是"商业敏感"信息，所以"不能告诉公司外部人员"。难道为了弄清楚答案，我还得在阿戈斯找份工作？但愿不要吧，他们的本部远在米尔顿·凯恩斯，上下班可麻烦了。

很多博彩公司也用类似的笔，立博（Ladbrokes）的红色笔，独特体育（Tote Sport）的酸橙绿色笔，威廉·希尔（William Hill）的藏青色笔，帕迪·鲍尔（Paddy Power）的墨绿色笔。看上去相差无几：细长笔直的笔管长8.5厘米，金属笔尖长5毫米。如果我能找到给博彩公司供笔的厂家，或许我不用去米尔顿·凯恩斯换个新工作，就能弄清阿戈斯每年用多少支笔。

独特体育博彩公司的笔购自"塔特消耗品公司"（Tate Consumables）。据该公司官网显示，塔特消耗品公司在过去十多年里是"英国数一数二的消耗品供应商"。我觉得这家公司在自谦,除了它,我想不出其他消耗品供应商。

尽管塔特新近将文印中心也纳为运营场所之一,销售范围有所扩展,但塔特的主要运营场所依然是加油站、彩票销售点以及各大零售商店。

可是,尽管这些博彩公司以及阿戈斯用的笔相似,但是塔特消耗品公司只给独特体育博彩公司供货,阿戈斯或者立博博彩公司的笔来自别的供应商。"若它们看起来一样,那我觉得它们可能出自同一家工厂。"塔特消耗品公司的一位销售总监解释道。我问他能否告诉我他们的笔来自哪个厂家,可他说:"抱歉,我无权接触这层信息。"又是条死胡同。

我仔细看了一下阿戈斯、威廉·希尔博彩公司、立博博彩公司、独特体育博彩公司以及帕迪·鲍尔博彩公司的笔,发现它们不尽相同,有些细微的差别。或许,它们根本就不同。独特体育博彩公司的笔管偏圆,棱角圆润;而立博博彩公司的笔棱角较为分明;阿戈斯使用的笔棱角比立博的笔更分明,横截面几乎呈正六边形。我收集了一些样本,开始比较。不同连锁店的笔不同,甚至同一家连锁店的不同分店的笔也不尽相同。这些博彩公司的笔帮不上半点忙。

第一批阿戈斯店铺开门营业14年后,宜家(IKEA)在英国的第一家店落户沃灵顿。从此，这家来自瑞典的家居店给阿戈斯蓝笔带来一位劲敌——宜家铅笔。阿戈斯百货零售店产品的样本架旁只能放下6支笔，所以顾客拿不了多少笔，而宜家的铅笔就放在大型自取机里，几乎是在邀请顾客拿一把走（"我们提供铅笔，是为了方便顾客下订单，我们很乐意继续提供这项服务，"他们解释说）。2004年，英国《地铁报》（*Metro*）称，印有IKEA标记的短铅笔已经成了最新的"必备"配饰（事实上，应该说是"必偷"，因为每年都有几百万支供顾客填订单的铅笔被偷）。报纸报道说，有位顾客被指在店中一次拿走了84支铅笔（"他甚至什么家具都没买"，免不了有这个梗）。文章中还指出，"有人看到，地中海的游轮上，玩宾果游戏的人用宜家铅笔在牌上做标记；高尔夫球手用宜家铅笔在记分牌上做标记；还有些老师拿多余的宜家铅笔送给学生。"

我想知道阿戈斯每年用多少支笔，对于宜家，我也有同样的问题。我把宜家官网翻了个底朝天，找到了宜家2008年为庆祝英国首家分店开张25周年发布的一份文件。文件中有一页列出了关于宜家的21个事实。第十条如下：

去年，宜家英国分店的顾客共用掉12,317,184支铅笔。

我很欣赏这家瑞典公司的信息公开意识。阿戈斯应该跟他们学学。

为了防止顾客偷笔,阿戈斯采用了"助推理论",银行和邮局则采用了简单粗暴的老办法:用金属链把笔和柜台连在一起。不过,近几年,就连这些机构也换了新方法来解决偷笔问题。

2005年,巴克莱银行在5个分行试行新计划。为了显得更加亲民,用铁链连在柜台上的黑笔被取缔,改用"不带铁链的宝蓝色水笔,笔身上印有文字,不仅鼓励顾客使用该笔,如果他们喜欢,还可以带回家。"笔身上印着"银行装饰品"、"带我走吧,我属于你"以及"我是免费/自由[1]的!"这项新计划是营销总监吉姆·希特纳的主意,他解释说,铁链拴着的笔象征着银行与客户之间的旧关系:基本上,我们不相信你用完笔后会把笔留下,但我们希望你把一辈子的积蓄放心托付给我们。希特纳希望带领巴克莱银行进入21世纪。巴克莱新闻稿中指出,"免费笔表现出我们的姿态,让客户知道我们很在意他们。"不过,早在2008年金融危机之前,银行就曾为客户提供免费笔,单凭此举就差不多足以让客户信任银行,签下一份巨额贷款,然后用一辈子时间还贷。

于某些人而言,银行提供免费笔很了不得,他们一下子兴奋过了头。新计划试行期间,不过五天时间,仅布拉德福

---

[1] 此处为双关,原文为I'm free,free既可指免费,也可以指自由。

一家分行的笔就被客户带走了4000支。《电讯报》引用了巴克莱银行一位发言人的陈述,"我们想到了客户可能会拿走一两支笔,或是拿一把走,但有些人走出银行时,胳膊下夹着一整盒笔。我们还会继续把这项新计划推向全国,不过我们已经把布拉德福分行的笔盒固定在柜台上了,可能在别的分行也会这么做。"巴克莱银行并未被这件事吓住,2006年,巴克莱1500家分行全部实行了新计划,第一年共用掉1000万支笔,每支3便士,共耗资30万英镑。

希特纳认为铁链拴着的笔象征银行和客户之间的不平等关系,这个比喻不无道理,但铁链不仅在寓意上有问题,在实际使用中也会造成问题。这一点在大卫·道伯(David Dawber)写给"左撇子的一切"(Anything Left Handed)网站的邮件中体现得很明确,他去当地邮局寄特快专递,结果那次经历很不愉快。"柜台上用来签字的笔在右侧,用短链拴着,要用那支笔,我得扭曲自己的身体。于是我用了自己的笔。"道伯在信中解释道。当柜台后的女人问他为什么不用邮局提供的笔,道伯向她解释说:"笔在柜台右侧,这是在歧视左撇子。"后来,邮局主管也掺和进来了,他不同意道伯的说法,认为他在"胡说八道"。"我没有胡说八道,"道伯反驳,"左撇子用放在右侧的笔写字很别扭。还有,你不应该这么跟你的客户说话。"回家后,道伯致信皇家邮政,抱怨他遭受的待遇,建议"将银行的笔放在便于左撇子使用的位置"。道伯是个为自由而战的勇士，他再次去银行的时候，应该感激希特纳解决了这个问题。希特纳认为巴克莱银行除了铁链，什么都不会失去，还很明确地邀请客户把笔带回家。不过，并不是所有的"邀请"都如此显而易见。

"酒店总会在房间放一些信纸，供客人写商务信函或私人信件用"，莉莲·艾凯勒·沃森（Lillian Eichler Watson）在其1921年出版的《礼仪之书》（*Book of Etiquette*）中解释说，"千万不要把酒店的文具带走。"她还说，"从原则上看，那么做无异于偷走一条浴巾，不可取。你写信需要多少纸就用多少纸，剩下的就留在那。"

不过，沃森说得对吗？1986年，美国多家报刊登载的"问问安·兰德斯"答记者问专栏有位读者，他颇受"拿走酒店文具不道德"这一观点的困扰。这位读者说自己有位朋友（Q女士）常常出去旅行，住的都是昂贵的酒店。"Q女士爱写信，我收到过她的不少来信，用的全是酒店的信纸。要是有人认为我偷了酒店的信纸之类的，我多尴尬。怎么会有人这么蠢呢？"信末署名写的是"来自得克萨斯州拉雷多，期待解答"。兰德斯回复道：

> 亲爱的拉雷多读者：酒店提供文具是为了让顾客使用并且带走。这是一个很好的广告宣传。只有当顾客顺走酒店的毛巾、浴室防滑垫、浴帘、装饰画、枕头、床

罩、咖啡壶和电视机的时候，酒店才会跳脚。

一家旅游网站调查了928位客户，其中有6%的客户承认曾带走酒店的文具（只有2%的客户承认曾带走早餐间的迷你瓶装果酱）。这算偷窃吗？发起这项调查的是马修·帕克（Matthew Pack），Holiday Extras网站的总裁。他认为这算不得偷窃，"这些东西酒店都有预算，我们把那些印有商标的物品带回家，实际上帮了酒店的忙。"印在酒店文具上面的品牌信息一般难以广泛传播——若酒店运气好，会有像Q女士这样的人拿酒店信纸给朋友写信。但大多数信纸最终只会被塞在某个抽屉里，再也不会有人用，只是拿来写写购物清单，或是打电话时拿来记记东西。

不过，有时候，酒店文具也能散布到更多的地方。德国艺术家马丁·基彭伯格（Martin Kippenberger）从1987年开始，直到十年后离世，用他周游世界时从酒店里收集来的文具创作了一系列美术作品，即有名的"酒店画作"，没有明确的主题或风格，只是画了一些原料的来源。"说来有点矛盾，基彭伯格画风艰涩复杂，变化无常"，罗德·蒙姆（Rod Mengham）在为萨奇美术馆在线杂志撰写的文章中提道，"他的美学观念从早期的厌恶'家'变化为后期对于'家'的常规理解；他打破了常规的'对立'，好像他什么都没做，仅仅是一番经历罢了。"最近一次拍卖中，一幅用铅笔画在印着华盛顿酒店标志的"酒店画作"（画家自画像，双手背在身后，站在角落，像个挨批的学生）售价高达217,250英镑。

倘若酒店确实乐意让我们带走印有其标志的笔，那么这些文具作为广告或宣传工具有效程度到底如何呢？嗯，好像效果确实十分明显。国际推广产品协会（PPAI）调查显示，宣传产品在很多方面都优于营销工具，包括"人们对于打出广告的酒店印象深刻"、"由于产品存留时间较长，顾客会长期反复接收广告信息"、"对广告方印象较好，因而愿意与其合作"。英国推广商品协会（BPMA）也发布了类似的发现报告，调查中，56%的人表示，如果他们曾收到某公司的宣传产品，他们对该品牌或公司会比较有好感。英国推广商品协会董事史蒂芬·巴科（Stephen Barker）说，研究表明"文具是一种性价比很高的宣传载体，投资回报率高于或等于其他宣传媒介"。

显然，国际推广产品协会和英国推广商品协会都想强调推广产品的好处，所以其调查结果完全在意料之中。不过，这两家机构代表的是全体推广产品厂家，所以他们没理由着意支持某一类型的推广产品。可英国推广商品协会研究结果明确表明：文具是最有效的推广产品。调查中，40%的受访者在过去一年中曾收到过推广水笔或铅笔，其中70%的人把笔保留了下来。其他办公文具（"计算器、订书机、便笺簿、尺子、削笔刀等）的保存率更高，13%的受访者曾收过这些推广产品，77%的人把这些文具保留了下来。文具有用，人们会保留有用的东西——留下推广用品的人中，70%的人这么做是因为他们知道自己日后用得上那些东西。他们每用一次，就接收一次品牌信息。如果这些调查数据准确无误，那么马修·帕克的说法——我们带走酒店文具实际是帮酒店的忙——应该是对的。但是，有些情况下，如果你随便拿走文具，就完完全全成了小偷。

下班前，你从文具架上拿一包便利贴或一本"黑与红"笔记本塞进包里，即使这算不得什么大事，但也很难说不是偷窃。有项调查显示，2/3的人承认曾在工作场所偷拿文具，一部分人承认这么做不对，可27%的人完全没有负罪感。我在大学学建筑的时候，有位讲师（在此就不指名道姓了）很怀念他当初在诺曼·福斯特手下做事时囤积文具的乐趣。他拿了那么多红环笔和自动铅笔，直到10年后，他离开福斯特联合建筑设计事务所（Foster Associates）自立门户时，用的仍是从福斯特那里偷拿的文具。

然而，偷窃就是偷窃，一旦被抓就要承担后果。2010年，格洛斯特的丽萨·史密斯吃了大苦头，尝到了这个教训。因偷窃切尔滕纳姆的德兰西医院中的文具，被罚做200小时的社区服务。史密斯从医院偷了15盒粉笔、8盒打印机墨盒，一包电池，一根棒棒糖棍，还有一些玩具（她甚至挂了一些在易贝网上出售）。虽然从法律角度看，这种行为跟从办公室拿一瓶修正液或一叠信封性质相同,但总让人觉得比那糟糕。丽萨,别拿小孩子的玩具或是打印机墨盒,另外,绝对不要从国民医疗保健系统中的医院偷东西。你做得太过分了。

  我还是没弄清楚阿戈斯每年消耗多少笔,我投递的求职申请也毫无音讯(我投了三十多个岗位,却没收到任何面试通知)。就在我快放弃的时候,我发现阿戈斯的客服团队开通了一个新的推特账号 @ArgosHelpers。我在推特上给他们发消息,问他们店每年用多少支笔。"答案是非常多",对方回复,另外还说"我们正在逐步改用电子板"(在此之前,他们好像曾尝试在个别分店用铅笔代替蓝色水笔)。这个答案太模糊了,于是我问能不能再具体点。"刚刚算了一下,去年我们定了1300万支。"跟宜家几乎一样。总算弄清楚了。

第七章
如果你在就好了：肩负使命的古怪文具们

不能永远工作、工作、工作。

文具几乎常年待在办公室和教室，但它们和我们一样，偶尔也该享受享受假期。正因如此，我们在海边或是出国度假时，发现礼品店里满满的都是稀奇古怪的文具。要么是一端盖着流苏国旗的大铅笔（你会经常看见一包迷你彩色铅笔，挂在流苏下面，让眼花缭乱的度假者产生一种摇摇晃晃的错觉），要么是当地地标造型的削笔刀，零售商们不会放过任何给文具披上一层文化外衣的机会，借此多赚一笔。不过，毫无疑问，不管在世界的哪个角落，机场礼品店里精巧别致的水笔，可能全都来自某个偏远国家的工厂，那些对工人权益持令人质疑态度的工厂。

不难看出，这些文具颇受欢迎。人们出去度假总想买点纪念品，让他们记起往昔的欢乐。但同时，人们又不愿意买毫无用处的东西：廉价的塑料小雕塑或装饰用的盘子。人们不肯为了买东西而买东西。买支笔则再完美不过了，在家在办公室都能用——每次使用，都能让你想起那趟美好的旅行。

其实，甚至不用等假期结束，你给好友或家人写明信片时，这支笔就能派上用场。小时候，每次全家出游，我总会给自己寄一张明信片。这是一种延时自虐行为——我知道我得到家才能收到明信片，而届时假期已经结束。明信片就像一个时间太空舱，我自己寄给自己，不过寄信时的我沾沾自喜，惹人嫌弃。"我正坐在湖边"，我会这么写，"写完这个我可能会去游个泳。英国有什么好看的电视节目吗？天气如何？"回家收到明信片后，看着上面的内容，我会嫉妒当时仍在度假的"他"，虽然我知道有些事"他"当时并没有做。比如，我知道"他"把太阳镜落在了酒店房间，回家时班机延误了。

不过，给自己寄明信片的不止我一人。从图画明信片诞生之日起，就有人这么做了。1840年，第一张明信片寄出，收信人是伦敦富勒姆的西奥多·胡克骑士（Theodore Hook Esq），寄信人是伦敦富勒姆的西奥多·胡克骑士。明信片上是他手绘的讽刺邮局服务的漫画，人们认为胡克给自己寄这张明信片纯属玩笑（那时候没有网络，人们只能自娱自乐）。这张明信片也是仅存的一张贴着无比珍贵的黑便士邮票的卡片。2002年，这张明信片在拍卖中被明信片收藏家尤金·冈伯格（Eugene Gomberg）以破纪录的高价——31750英镑——拍下。我小时候寄给自己的明信片有没有可能卖这么贵？也许能卖个15000美元。

胡克明信片上的图片是手绘，随着寄明信片越来越流行，到19世纪末，人们开始在明信片上印刷图案：图案明信片的时代到来了。早期明信片上印的是蚀刻版画和素描，后来变成水彩画和上色照片（彩色照片出现之前，人们在把黑白照片印上明信片之前先人工上色——有位准画家曾想以此谋生，那就是年轻的阿道夫·希特勒。失败后，他开始追求别的爱好）。二战后，上色照片最终被彩色照片取代。

坐火车旅行越来越便利，费用越来越低，越来越多的人去海边游玩，当日就能往返，图片明信片是个十分理想的纪念品：一方面，明信片上印着当地的照片或是地标建筑；另一方面，又能给你的朋友或家人寄去讯息。照片里是你看到的优美风景，再写一段话描述你的美好时光。我觉得寄明信片比收明信片有意思多了。

有个法子能使寄明信片变得更有意思，那就是选正面印着情色笑话的明信片。20世纪上半叶，"情色明信片之王"这一封号当属唐纳德·麦吉尔（Donald McGill）所有。1941年，乔治·奥威尔（George Orwell）在评论艺术家的散文中这样描述麦吉尔的明信片：

> 文具店窗口放着这些"连环漫画"，一两个便士就能买到的明信片，正面画着一系列穿紧身泳衣的胖女人，笔触粗简，用色糟糕，大多是篱雀蛋的颜色和邮局红[1]。

连续数十年，英国的海边都能买到这套明信片。

麦吉尔是文具商的儿子，1875年出生在这个伦敦的中产阶级家庭。上学时，麦吉尔是个热衷体育的运动员。可在十七岁时，他在橄榄球比赛中出了意外，左脚被截肢。幸运的是，除了打橄榄球，麦吉尔还有别的才能：他是个天生的

---

1 邮局红：介于暗红棕色与橙色之间的颜色。

画家。他报了一个函授班，师从约翰·哈索尔（John Hassall，正是他为大北方铁路公司设计了著名的乔利·费舍曼形象海报，一旁还标有"斯凯格内斯太令人振奋啦！"这句标语），学习卡通艺术。离校后，麦吉尔在一家造船工程事务所当了三年制图员，之后进入泰晤士钢铁、造船及工程公司。

闲暇时，麦吉尔是个十分积极的画家。他办了一个小型展览，展出其比较严肃的画作，引起商人约瑟夫·阿舍尔（Joseph Ascher）的注意。阿舍尔收购了麦吉尔部分画作的版权，将画印在卡片上出售。可惜，这些画不怎么受欢迎，阿舍尔只能以廉价卖掉存货。但当他开始卖印着麦吉尔那些"轻画作"（情色卡通，人们如今对他的印象也是如此）的卡片时，一下子就成功了。麦吉尔的卡通创作灵感来自音乐厅——他的继父拥有埃德蒙顿的"变幻之宫"（Palace of Varieties），很快，他每周可以为阿舍尔提供6幅卡通作品。有了这份工作，他就可以辞了泰晤士钢铁、造船及工程公司的工作，成为自由明信片画家。可是，尽管他的设计越来越受欢迎，他每幅卡通画所获利润仍旧微薄。其中有个设计（按照麦吉尔的风格，这幅画相当规矩），一个小女孩跪在床边祈祷，旁边有条狗在拽她的睡衣，图画上方有行字"主啊，待会儿我踢费多的时候，请原谅我。"印着这个图案的明信片卖出了几百万张，麦吉尔却只赚了6先令。

奥威尔在描写麦吉尔的散文中说他是"聪颖的制图员，画人物时有点现实漫画的味道",他作品的真正价值在于:那是一类作品的极致典范。奥威尔说,"低俗得无以复加"、"始终很猥琐"、"用色丑陋"以及"毫无精神境界可言"是麦吉尔明信片的典型特征,其中有一部分,"10%左右,比现在英国卖的任何明信片上的图案还要下流得多",几乎是文具店窗口的非法陈设。可对麦吉尔的不少粉丝而言,吸引他们的正是这份猥亵。在他整个职业生涯中,始终不能避免因为下流而受到控告的威胁。

当地各机关的审查委员会采取了一系列措施,最终于1954年将他送上林肯刑事法庭。麦吉尔因为一系列明信片画作(其中一张是:跑马场上,一位朝着赌马徒走过去的女人,说着"我赌最受欢迎的那匹马赢。我亲爱的给了我一英镑干那事儿!")遭受指控,称其违犯了1857年制订的《淫秽出版物法》。法庭罚他缴纳50英镑罚款(外加25英镑诉讼费)。该判决一出,明信片制造商突然意识到自己面临的风险,不少小公司开始收敛,用一些比较规矩的图案(结果宣告破产,因为那些乏味的设计卖不过情色明信片,看样子,相较于避免带坏纯洁的大众,明信片制造商更愿意迎合大众对低级淫秽明信片的需求)。1957年,麦吉尔向下院特别委员会提交证据,因为《淫秽出版物法》有所改动。尽管新法更加宽松,以至于1960年《查特莱夫人的情人》这本书也得以解禁,但是情色明信片的时代就此告终。"我并不为此自豪",晚年时,麦吉尔说:"我一直都想做些更好的事。其实我是个思想十分严肃的人。"

大多数英国的明信片上都印有花里胡哨的插图,但是,麦吉尔对英国明信片的主导并不意味着早期的照片传统消失了。最终研究出彩色照片的是爱尔兰的一位英国人。1916年,约翰·海因德(John Hinde)出生在萨默塞特一个教友派家庭。儿时,一场病致使他成了残疾人,加上自小受宗教影响,他长大后没有从军打仗,而是加入民防部队,开始探索摄影。20世纪40年代,海因德成了英国一流的彩色照片摄影师。他的摄影作品出现在一系列展示英国的书中——《图画中的英国》、《战火中的市民》、《埃克斯穆尔的乡村》以及《英国马戏团生活》。

最后一本书几乎让他完全放弃了摄影。结束《英国马戏团生活》的摄影工作后,他成了马戏团的宣传人员,邂逅了高空秋千表演者优塔。优塔后来成为了他的妻子。后来,他甚至跟随马戏团到处巡演,沿途拍摄乡村风景。1956年,他成立了自己的明信片公司。海因德拍摄的爱尔兰乡村照片色彩明亮,照片中都是经典风景——"白色茅草小屋,红发村民,还有驮着草的欢快小毛驴",很快成为热卖商品。他细心布置,确保拍下的每道风景都十分完美(他甚至在汽车后备箱带了把锯子,拍照前发现景色中有不美观的地方,就锯一把杜鹃花来挡住)。

回到英国，海因德开始为巴特林度假营画明信片，这批画作也是他最出名的作品。这些"色彩饱满鲜亮的画面"全都被马丁·帕尔（Martin Parr）收进了《我们的愿望是让您开心》，代表了帕尔口中"二十世纪六七十年代最能代表英国的几幅作品"。"看上去一切都很夸张却又很平凡"，肖恩·奥哈根（Sean O'Hagen）在《观察家报》上表示，他将这些画比作大卫·林奇（David Lynch）的电影或是彼得·林德伯格（Peter Lindberg）的摄影作品。那些高度写实的颜色、田园诗般梦幻的度假胜地，"浩淼的蓝色水面，悬在空中的塑料植物和海鸥，孩子们在充气管上来回玩闹，由救生员照看着，酷酷的救生员在室内还带着墨镜"，这些画面直到如今仍旧非凡。

拍摄爱尔兰乡村时，他悉心确保每道风景的照片都完美无瑕（若现实与理想有出入，他就重新布置，直到满意为止）。拍摄巴特林度假营时，他一样不放过任何细节——甚至包括游客。帕尔在书中说，海因德的助手埃德蒙·内格尔（Edmund Nagale）解释，为确保每张照片都很完美，必须掌握微妙的沟通方法：

> 我也学了些基本的交际手腕——我们都知道用广角镜头拍人会出现什么效果，前排偏胖的女士得挪到别的位置。我会对她说："女士，您要是往这边挪一点，光线会更好，您上镜效果会更棒，过来点……再过来点……

再挪一点点……谢谢配合！"

帕尔觉得海因德为巴特林度假营拍的照片"具备好照片应该具备的一切，赏心悦目，观察入微，还有社会历史价值"。帕尔还注意到，"最棒的是，这些精心拍摄的画面并没有什么远大追求，也不为变成巨作，只为印在低调的明信片上，以几便士的价格卖给游客。"卖明信片就是为了赚钱，明信片也不是用来收藏的，并不着眼于未来，只是希望此时此地能让您开心——它的愿望是让您开心。直至今日，虽然人们已经可以在推特上发自己度假的照片，在海边也可以刷脸谱网，明信片仍然是礼品店的主打产品。或许，现在买明信片只是为了留个纪念——不是为了寄给别人，而是留着当书签、钉在展示板上或者贴在冰箱上。只为纪念，不为炫耀。

当初唐纳德·麦吉尔的情色明信片在各大海边小镇都是紧俏货，如今也有不少明信片风格怪诞，不甘寂寞，上面印的男男女女多多少少都穿得有点暴露。沙滩上三个裸男，从背后拍摄，旁边印着"阳光，海水和……"这样引人浮想联翩的旁白。这种卡片作用不明，似乎想学麦吉尔的机智风趣，可惜未得其精髓，原本巧妙的暗示变得太过直白。

其中有张明信片图案似乎一直很畅销，但最让人摸不着头脑：一个女人右乳的特写镜头，只不过借助化妆及其他装饰手段变成了类似老鼠的生物。明信片上写着"伦敦的所有乳房",不仅没有认可化妆成老鼠的乳房(这能算老鼠吗?谁说得准?还有一个版本看着像狐狸),似乎还暗示这是伦敦的经典场景。这不是!这主意是谁想出来的?这层意思是如何表达出来的?这种明信片是为了勾起人的性欲?肯定不是。不会有人让这东西挑起欲望吧?卖这套明信片的是赫特福德郡波特斯巴一家叫卡多拉玛(Kardorama)的公司。我联系了他们,想了解更多这套明信片的信息,可他们的发言人说他爱莫能助("恐怕你问的那种明信片是我上任之前的事,我没法回答你的任何问题。")。

并非只有明信片执迷于性,"Tip'n'Strip"笔告诉我们,单纯如圆珠笔,也会被人类的性本能玷污,笔身上画着一个衣不蔽体的女人(偶尔也有男人),要是把笔倒过来,女人就变得更裸露。《辛普森一家》某集中,阿普(Apu)把草莓甜面包放进克威客电子商城的微波炉里加热。为了不被霍默(Homer)打扰,就拿了支笔给他。霍默对阿普说,"你知道谁喜爱这种笔吗?男人。""Tip'n'Strip"笔只是"浮动图案圆珠笔(或浮动圆珠笔)"中的个例。20世纪50年代初,丹麦的造笔商比德尔·埃斯科森(Peder Eskesen)发明了这种笔。埃斯科森1946年就在地下室创办了自己的公司,不过直到几年后,他才研发出这种产品,这也是他公司最出名的产品。

基本上,浮动图案笔上都有个背景图案(通常是河滩景色或是街景),图案上方浮动着一个物件(最常见的是小船、小汽车或小飞机）。展示这些的窗口里封着矿物油。不少制造商都曾尝试研制类似的笔，但只有埃斯科森找到了防止笔漏油的办法。20世纪50年代，埃斯科森首次接受埃索石油公司的委托，为他们研制一款笔，让油桶在清澈的矿物油中浮动，以宣传埃索上等机油。完美结合，抱歉我用了"结合（synergy）"这个词。通过这支笔，埃索石油公司和埃斯科森都证明了自身实力，其他公司开始找他下订单。纪念品公司也看到了这款商品的潜力，很快这种笔就成了世界各地景点的常见物品。有段时间，其中90%均出自这家丹麦公司。

文具架上所有的文具中，浮动图案笔能最逼真地再现你度假时的场景。不管是塞纳河上划行的小船，海中遨游的海豚，还是山脉上方掠过的飞机，都让你觉得身临其境（如果你想象力足够强的话）。去纽约旅行那次，我买了一支浮动图案笔，展示的是一只塑料猩猩在爬摩天大厦，逼真地再现了金刚爬帝国大厦的场景，逼真得惊人。

早期浮动图案笔内的背景图由埃斯科森的创作团队绘制，由于图片上浮着矿物油，透过展示窗口看，图片会变形。为了解决这个问题，所有绘画要素都要拉长，微微凸出。古希腊建筑师也采用了这种原料，加长后，原本有点凸起的柱子看起来成了直的。后来，这些背景图被照片取代，尺寸缩小后印在赛璐珞胶片上，埃斯科森称这种过程为"Photoramic"。这些微小逼真的元件组装好后放进笔内，用矿物油封上，最后封好笔。2006年,这种工序最终被数码摄影取代——此举让不少热衷于收集埃斯科森制造的笔的人十分担忧,担心背景画质量会下降。

跟传统的浮动图案笔不同,Tip'n'Strip笔一开始用的就是相片。相片上有个"面具",用来挡住或突出画面的某一部分。就像印有鼠状乳房的明信片一样,连续多年用的都是同一个模特的照片。直到20世纪90年代中期,那些从70年代就开始用的模特才被换掉。埃斯科森还在卖Tip&Strip笔,最近还引进了一批新模特,如今有"萨拉"、"瑞秋"、"克劳迪亚"、"珍妮佛"、"丹尼尔"、"贾斯汀"、"迈克尔"以及"尼古拉斯"多个系列,所有照片都相当清晰,就连那些对埃斯科森转用数码相片持怀疑态度的人都觉得满意——还记得公司的网络部门监控你的计算机浏览记录吗?这些笔也绝对NSFW(not safe for work,在工作场所并不安全)。

虽然浮动图案笔给人带来了视觉享乐,但它并不是满世界溜达的文具爱好者的唯一选择。我在纽约还买了一些"图案装饰笔"和"雕塑装饰笔",拿来跟伦敦的同类型笔比了比。

图案装饰笔本质上是支笔,只是笔身印着图案而已。纽约和伦敦的图案装饰笔形状无异(实际上,笔身上都印着"韩国")。唯一不同的是笔身上印的图案。全世界的笔都差不多,不同的是笔身上的图案,不同的城市借助不同的图案,向世界展示他们眼中的自己。纽约纪念品业无比自信——他们很清楚自己的标志性建筑，毫不掩饰地为此庆祝（笔上印着黄色出租车、美元硬币还有自由女神像）。与此同时，伦敦用作纪念品的笔只能死死抱住任何有历史意义的东西，试图证明自己的存在，也不管效果如何。我在布鲁姆伯利买过一支笔，笔盖上印着"历史悠久的伦敦"，可旁边的图案却是圣保罗、国会大厦、塔桥，还有"伦敦眼"和"小黄瓜"（这些建筑的历史比那支笔长不了多少）。不过，伦敦有一点明显比美国强，那就是王室。可是，即使是在这么落伍的领域，伦敦的纪念品店还拼命地怀旧——主要画面还是王太后和戴安娜王妃。

雕塑装饰笔轮廓分明，笔头上装饰着用塑料模子重塑的地标建筑或名人。比较理想的地标建筑最好是瘦长型的，那样比较便于放在笔头。因此，塔和雕像比较合适，海滩和湖就不太合用。纽约当然有个不二之选——自由女神像，那几乎就是为了装饰笔而设计的（其实不是——直到1886年，法国人民将自由女神送给美国，美国才开始用这个雕像来装饰笔）。可是，用自由女神像装饰笔也有个缺陷：火把。塑料制成的廉价火把和举起的手臂很脆弱。实际上我去纽约旅游时，买过两支自由女神像装饰笔，一支火把"灭"了，一支胳膊"断"了。

伦敦没有自由女神像那种适合拿来装饰笔头的东西。没错，他们有大本钟，但是没了国会大厦的大本钟看起来很别扭；纳尔逊纪念柱或碎片大厦不够经典；伦敦眼太圆；塔桥太宽；沙夫茨伯里大道上的安格斯牛排馆又没重要到可以放在纪念笔上的程度。因此，伦敦只好用比较普通的东西来装饰笔——警察戴的头盔和红色的电话亭（伦敦某些地方仍设有这种电话亭，但已不再是民用基础设施，而成了一种支柱，为游客拍照提供背景）。一个国家最适合拿来装饰笔的竟然是电话亭和尖头帽，有点可悲啊。

不过，我们并非只有度假时才会想到稀奇古怪的文具。或许只是绞尽脑汁想给办公桌添点色彩，或许为了给同事准备圣诞神秘礼盒已经想尽了办法，遇上为我们提供这些小东西的公司，我们自然十分感激。Suck UK 就是这样一家公司。1999年，山姆·赫特（Sam Hurt）和裘德·比达尔夫（Jude Biddulph）在北伦敦一家公寓的厨房里创办了这家公司。如今，Suck UK 的产品已经遍布三十多个国家。Suck UK 公司专注于礼品和有趣的家居用品（"我们热爱文具并让它变得更加有意思，"他们说，好像是在说他们觉得文具本身并不好玩），包括"木乃伊麦克"（一个埃及木乃伊造型的硅胶绕线器，不过身上绑的不是绷带是橡皮圈）、"死掉的弗雷德"（一个笔座，造型是一个被圆珠笔戳中心脏而死的小人儿）、看起来像卷尺的胶纸座、鼓槌一样的铅笔、看着像3.5英寸软盘的便利贴、大号比克水晶笔盖一样的塑料笔筒。他们把一样东西做得像别的东西。乐此不疲。

"把一样东西做得像别的东西"让人困惑，而"把一样文具做得像另一种文具"更让人摸不着头脑。从我妹妹也有的那个铅笔形状的橡皮擦,到 Suck 公司那个看着像大号削笔刀的漂亮笔筒(在我打这些字的时候,我的桌上就放着一个这样的笔筒)。在我的收藏中,最奇怪的莫过于看着像百特胶棒的卷笔刀,跟20世纪80年代末的百特胶棒完全一样,卷笔刀藏在胶棒底部(盖子可以取下来,清空铅笔屑)。它不像大得过分明显的笔筒,也不像橡胶铅笔,尺寸和材质完全跟胶棒一样,完全看不出是卷笔刀。看着跟百特胶棒一模一样。当我第五次不小心把铅笔屑倒在准备贴在剪贴簿的照片背面时,我不禁觉得这份新奇劲迟早会过去。

之所以有这么多奇奇怪怪的文具,是因为它们多多少少是实用的。度假时,我们在买荧光闪闪的笔和超大号橡皮的时候,总会自欺欺人,觉得这些东西回家后会用得上。同样的道理,你在旅游礼品店给孩子挑选礼物的时候,买支笔好像比买玩具更好。"当然了,买支笔也说得通,因为它也算是个有'创意'的玩具,"乔纳森·比金斯(Jonathan Biggins)在其《低效父母的700个习惯》一书中抱怨道:"是,确实,这些铅笔和纸是比较有创意的工具,如果你用的话。但仅仅囤积一大堆这样的东西,只会让人忘了它们真正的功能。"

第八章

要开学了:你缺什么文具?

暑假刚开始，它们就现身了。商店橱窗里、报纸上、电视广告里都能看到：开学大促销、为九月做好准备。这是在呼吁人们行动：为即将来临的新学期准备新文具。小时候，尽管我热爱文具，可一看到这种广告就心神不宁。放假六个星期，面前是无限可能，不希望有人提醒我这一切很快就会结束。可是，假期一天一天过去了，一周一周过去了，我开始觉得无聊。于是，开始期待生活回归正常。很快就到了为九月购置新文具的时候。

对高街上的零售店而言，九月十分关键：今年是盈是亏，就看这个月了。书、CD和DVD全年都好卖，在12月销售高峰期来临前，母亲节、父亲节以及其他"送礼节"（这个说法简明扼要地指出，亲情和慷慨已经变成可悲的商业营销手段）时销量也能有所上升。哪怕前11个月全都亏损，12月也能转亏为盈。而对文具店来说，"圣诞节"提前了三个月，从九月初"中小学生开学"开始，直到月末升级为"大学生开学"。暑假一开始，营销活动就火热起来。学生上学期开学，连铅笔都还没来得及削的时候，商家们就开始在会议室策划暑期的营销活动了。

我当年上学时，最重要的文具是文具盒，其他都是次要的。文具盒能彰显个性。教室里，制服严格统一，几乎不可能通过服装展示个性（男生可以改变领带长短，女生可以改变裙子长短，但仅止于此），要想显个性，不能放过任何一丝机会。有支持的球队？买那种文具盒；有心仪的乐队或卡通人物？买那种文具盒。"有执照的"（孩子们可以拥有的）产品行业是大买卖，文具是重头戏。不过，那些乐队有多感激这些产品可就不好说了。

印象中，有一年，我买了个圆筒状的文具盒，看着像罐装百事可乐（1991年至1998年期间的白色罐装设计）。还有一年，我买了个扁扁的方形文具盒，看着像沃尔克斯薯片（盐味的，我还是比较喜欢盐醋味的）。不过，现在网上很难找到这样的文具盒了。我猜想，现在人们对这种面向青少年的高糖分、高热量食物比较敏感。现在想想，以前的学生（或学生家长）居然会花钱买那样的文具，向其他孩子宣传碳酸饮料和零食，确实难以理解。所以说，现在那些文具已经停产，应该是好事。干得漂亮。

不过，在网上随便搜搜"花花公子文具盒"，只有大网店有三款这样的文具盒，挺让人失望的。2005年，英国连锁文具店 W.H. 史密斯开始销售花花公子系列文具，引发不小争议，店方辩解说："我们只为顾客提供一种选择。我们不是道德评判者。"若不是因为这句话的前一句是"这款产品销量惊人，远远超过了其他大品牌文具"，说这句话倒也值得钦佩，勇气可嘉。W.H.史密斯坚持认为花花公子的标志并非学生"不宜"，那"不过是个兔子而已"，"有点意思、流行而且时尚。"不过，几年后，W.H. 史密斯还是悄无声息地撤掉了花花公子系列文具。"我们不断审视自我，更新产品，为顾客提供更多产品，"店方发言人解释说，"每年新春，我们都会上架新款流行文具，撤掉花花公子系列文具只是更新产品的一部分。"文具盒跟着社会变化走。

　　流行文具主要针对女孩，男孩子的选择就少得多了。我问了英国高街上一家文具店的采购员，她说，这是因为女生往往会和朋友结伴逛街，一个女生买了某样文具，她的朋友就会买件不一样的；女生不想跟朋友拥有一模一样的东西。而男生恰恰相反——他们不太想与众不同：如果同学买了一个"南方四贱客"（《南方四贱客》开播这么多年以来一直非常受欢迎）文具盒，他也会买个一模一样的。对男孩们来说，跟同伴一样有安全感。也许，这种消费决定背后隐藏的异性恋主流价值观假设让人不爽，但是销售数据表明事实好像确实如此；在零售领域，盈亏总额比性别政策更重要。男生可选择的文具（暂且把性别化的细分市场视作一个整体）有限，在多大程度上导致普通男生的保守购买行为——此话题不在本书讨论范围内。

　　在英国，"持照文具"很受欢迎，可在欧洲其他国家，情况就不是这样了。其他国家学校没有规定学生必须穿校服，学生可以更加自由地彰显个性，"愤怒的小鸟"文具盒或"单向组合"文具盒不再具有吸引力。估计就连"愤怒的小鸟"和"单向组合"本身都已过时，不过这个论断是否会过时，说不准。

在美国，就连文具盒都不常见——肯定不像在英国的高中里那么常见。相比英国，美国更常用储物柜，只需将课堂要用的文具带过去就可以了。比较一下史泰博（Staples）的英国官网和美国官网，立刻就能验证这一点。就算扩大搜索关键词范围（除了文具盒外，还有"文具袋"、"文具箱"、"文具桶"），英国的选择明显多得多。显然，美国电视剧、电影里的所有以高中为背景的场景都说得通了：坠入爱河的女孩倚着储物柜，抱着活页笔记本，手里紧紧攥着铅笔和尺子，完全看不到文具盒的踪影。

不过，美国为世界带来了口袋护套——放在衬衣口袋，防止口袋沾上墨渍的塑料笔座。既然一切都能安然无恙地放在口袋里，还要文具盒干吗？虽然口袋护套总让人联想到那些"书呆子气的"人，例如在工程或计算机行业工作的人（或是大学里学这些科目的人），而不是高中生，但是要说这种东西是由"无文具盒"文化造成的也不无道理；总得找到方法来运文具。尽管口袋护套只会让人想到书呆子，但实际上有两个人为此针锋相对，皆称自己发明了这个塑料制成的护套。

其中一位是赫尔利·史密斯（Hurley Smith），他有时间优势，早于对手将近十年宣称自己是发明者。史密斯1933年毕业于安大略的皇后大学，获得电气工程专业理科学士学位。毕业后，找工作不顺利，花了几年时间向糖果店和杂货店推销冰棒。后来，他搬去纽约布法罗，总算找到了专业对口的工作，为一家公司生产电器元件。他发现同事们总是把笔放在衬衣口袋里，墨迹和铅笔痕会弄脏白色的衣袋底，从衣袋外面都能看到，而且衣袋边缘也会因此磨损。回到家，他开始做实验，用各种塑料设计出各种东西，寻求解决之道。他把一片塑料对折，然后再折一下其中一半，留出一个扁扁的挂钩。把它放进衣服口袋时，挂钩正好钩住口袋边沿，较长的另一半则延伸出去——这样一来，口袋内部和口袋边沿都得到了保护。1943年，史密斯为其"口袋护罩/护套"申请专利（1947年，专利申请通过）。后来，史密斯逐步改良这个设计，加热封合"口袋护罩"的两边，使之成为一只袋中袋。销售之初，史密斯把目光投向大型企业，寻求特别的广告机会。到1949年，他已经靠卖口袋护套赚了足够的钱，于是他辞掉电气公司的工作，全身心投入自己的事业。

史密斯的对手是格尔森·施特拉斯贝格（Gerson Strassberg），他的发明过程就没那么有条有理了。1952年，施特拉斯贝格（后来成为纽约长岛罗斯林海港区的区长）正在制造用来装存折的透明塑料钱夹，突然，电话响了，接电话时，他顺手把钱夹放进了衬衣口袋。在此过程中，他把笔放进了塑料钱夹，灵感由此而生。

从争夺发明权的这两人身上，我们看到了两种一直很神秘的发明类型。一种是按部就班的工程师为解决问题，用各种材料尝试各种设计，直到发现可行的解决方案；另一种人别具个性,偶拾灵感,足够聪慧而且心灵手巧,由偶然的发现就能发明一样东西。看起来,两者都合法。其实,估计发明了这个东西的不下五六人。20世纪四五十年代,塑料制造工艺已经成熟,不过水笔漏墨问题尚未解决,不同的人想出相似的解决办法,并不稀奇。

虽然口袋护套受人喜爱,尤其是《书呆子复仇记》中的刘易斯·斯考尼克(Lewis Skolnick)也爱用;不过,口袋护套空间有限。放几支水笔和铅笔没问题,但若还要放圆规、三角尺、量角器这些英国数学会考教室常见的工具,那还是得用文具盒。

以往的学生比较幸运,不用带这么多东西。我上小学时,好像没有文具盒。老式的课桌有盖子,东西全放在里面,不过那时也没什么东西可放。铅笔、橡皮和尺子老师会发。直到我们有资格用钢笔的时候,才有了点自个儿的东西。从用铅笔到用钢笔是很重要的一步,这是一种晋升,得自己争取,直到老师认可你的书写水平。我们班的学生分成两种——还在用铅笔的(基本都是黑色和黄色的施德楼诺里斯HB铅笔),和像我一样(我不是为了自夸什么的)已经能用钢笔的。

有资格用钢笔后,多数学生的首支钢笔是贝罗尔书写钢笔。设计人员仔细咨询了老师,了解到学生使用的第一支钢笔需要具备的特点,然后才设计出这款红色钢笔。对首次用钢笔的孩子而言,笔管粗细、书写阻力大小,这些都有很大影响;他们的手指还没接触过钢笔,尚显笨拙,笔须粗短些;笔尖也不能滑得像圆珠笔尖。贝罗尔书写钢笔上市于1980年,至今仍是教室里最常见的文具(不过,很难说这是钢笔本身特质所致,还是仅仅因为怀旧:很多老师人生中第一支钢笔都是它)。

贝罗尔如今已是纽维尔集团的子公司,最初成立时叫鹰牌铅笔公司。鹰牌铅笔公司于1856年由贝罗尔兹海默家族创立于纽约,第一家伦敦分公司成立于1894年。1907年,公司在托特纳姆建立了一座工厂,过了80年才迁至金斯林一幢更大的厂房里。公司日渐壮大,开始兼并收购其他品牌(1964年收购L.&C哈德姆斯铅笔制造公司,1967年收购生产美术学习用品的马戈斯有限公司)。产品类型不断丰富,鹰牌铅笔公司这一旧称不再适用。因此,1969年,公司改为贝罗尔有限公司。

除贝罗尔书写钢笔外,教室里常见的笔还有贝罗尔毛毡笔。基于马戈斯有限公司的经验,贝罗尔占据了教室这个着色笔市场,正如当初让贝罗尔书写钢笔成为学生们第一支钢笔那样。着色材料本身很单纯,但也可能涉及政治。盒子里有哪些颜色的颜料——更重要的是,这些颜料叫什么名称——很能反映社会现象。

2014年,贝罗尔推出"肖像画"系列毛毡笔。"孩子们越来越难找到适用于画自己和同伴肤色的颜色。"贝罗尔在新品发布稿中解释说。新系列产品旨在让孩子们"能够找到对应教室里各种发色和肤色的颜色,非常适合用来画肖像画和人物画。"肖像画系列包括六种颜色:赤褐色、桃红色、橄榄色、肉桂色、杏仁色以及黑檀色。用中性物品(木头、水果、坚果和香料)来命名,而不用与肤色有直接联系的称呼,贝罗尔公司这样做不会冒犯任何人。而有些公司就没有这么有远见了。

宾尼 & 史密斯公司成立于1885年,原名为皮克斯基尔化工公司,由约瑟夫·宾尼(Joseph Binney)于1864年创立于纽约。约瑟夫退休后,由其子埃德文(Edwin)和侄子哈罗德·史密斯(Harold Smith)接手。19世纪末,宾尼 & 史密斯公司开始生产学校用品,例如石板笔、无尘粉笔。1903年,公司推出第一款"绘儿乐"8色蜡笔:黑色、蓝色、褐色、绿色、橘色、红色、紫罗兰色以及黄色。后来,"绘儿乐"蜡笔颜色越来越多,宾尼 & 史密斯公司不得不想一些更有创意的名称。1949年,彩色蜡笔颜色包括"烧赭石"、"康乃馨粉"、"矢车菊"、"长春花",很不幸,还有"肉色"(用来指白色偏红的色调)。没过几年,公司就意识到,"肉色"这个名称不太妥当。或许也是因为美国的民权运动,1962年,"绘儿乐"表示,他们"自愿"将名称改为"桃红色"。

现在,我们一眼就能看出用"肉色"来指称类似桃红色的颜色有什么问题。不过,也有人指出,"绘儿乐"工作人员在命名颜色时,偶尔也太过敏感了。1958年,绘儿乐推出"印度红"[1]蜡笔，1999年将之改为"栗色"，因为担心美国的学生们觉得"印度红"指的是印第安人的肤色。其实，绘儿乐曾有说明，"这一名称源自发现于印度附近的一种红褐色颜料，一般用于油画。"虽说这个名字无可非议，但我觉得，绘儿乐作此改动十分明智。或许是吃一堑长一智，1987年，绘儿乐推出彩色铅笔时，所有名称都相对安全："红色"、"橙红色"、"橙色"、"黄色"、"黄绿色"、"绿色"、"天空蓝"、"蓝色"、"蓝紫色"、"浅褐色"、"褐色"以及"黑色"。这组名称中，唯一可能引发争议的是工作人员突然转用"天空蓝"这个指代不明的词（一天中哪个时段的天空？一年中什么季节的天空？天空的颜色变幻无穷），而不用"浅蓝色"这个跟其他颜色名更配套、更没有歧义的名称。

自17世纪中期开始，艺术家就开始借助铅笔套（porte-crayon）使用粉蜡笔。1781年，约克郡人托马斯·贝克威思（Thomas Beckwith）发明了一种方法：用"从纯矿石、动物及植物产品中"提取出来的物质混合"一定量的精纯矿灰或精选陆地化石中的提取物"，制成颜色复合物，再加入"适量高度分馏的精油"和"木犀科动物物质"，搅拌混合物，直至质地柔滑，然后"软化、浓缩、再用火除湿"，接着封进木杆，变成铅笔。他为此申请了专利，从此世上第一支彩色木杆铅笔诞生了。现代生产倾向于用颜料、水、黏合剂和混合剂混合而

---

[1] Indian即有"印度人的"的意思，也有"印第安人的"之意。——编者注

成的混合物制铅笔芯,因为陆地化石原料、木犀科动物物质比较稀少。1788年,伦敦文具商乔治·赖利(George Riley)生产出贝克威思的"彩色铅笔新品",跟"黑色铅笔"一样好用,还不会像粉笔那样弄出一堆粉尘污渍。彩色铅笔颜色深浅不一,共有32种颜色可选。如今,瑞士的凯兰帝公司(Caran d'Ache)出产的所有彩色铅笔共有212种深浅不一的颜色。颜色多到夸张。

慢慢地,你变成高年级学生,文具盒里的东西也越来越丰富。不过,一旦你离开校园,有些文具——除非你从事某些特别职业(例如建筑绘图师或海军军官)——你就再也用不到了。那么多年,我们日日携带这些文具,然后突然有一天,我们就跟它们再无瓜葛了。应当为这种场合办个仪式,作为一种告别。可实际上,它们只是被丢进抽屉,渐渐为人遗忘。留着它们,因为它们还有用,只是我们再也不用它们了。全国上下,成千上万的三角尺和量角器被人遗忘在书桌抽屉里,无所事事。毫无疑问,这些三角尺和量角器大多出自同一家公司。

这个后来变成喜力克斯(Helix)的公司由伯明翰商人弗兰克·肖(Frank Shaw)创建于1887年。身为金匠的儿子,肖从小就接触金属行业。他创办的霍尔街金属轧制公司(Hall Street Metal Rolling Company)起初生产钢丝和钢板,然后转而生产实验室仪器设备:试管架和夹钳,还生产黄铜圆规。19世纪后期，越来越多的孩子走进校园，肖很快就意识到，教学设备需求量增加。那时候，很多教学设备（例如直尺、三角尺、绘图板）皆为木制。1887年，肖为自己新成立的通用木工公司（Universal Woodworking Company）兴办了一家工厂。短时间内，公司就因生产的标尺质量卓越而声名远扬。据说其造尺工艺共有22道工序。"15英尺的半圆木送进工厂，加工打磨长达一年，"帕特里克·比弗（Patrick Beaver）在为庆祝公司成立一百年而写的书中交代，"然后用电锯切割成不同尺寸的标尺坯，再加工一年"。两次工作结束后，标尺坯放进机器定型，接着打磨、上漆。然后"模切"，标出数字和刻度，经炭黑摩擦，最后再清洁、打磨一次。终于，这些尺子可以上市销售了。

毋庸置疑，通用木工公司的22道造尺工序令人印象深刻。不过，他们至少还可借助工业革命的成果，最早一批造尺的人可没这么好运。尽管如此，他们造出来的尺子刻度也精准得惊人。最早一批尺子中，最精准的要数20世纪50年代在罗塔尔（现为印度西部古吉拉特邦的一部分）考古挖掘中发现的那一把，最早可追溯至4500多年前，这把象牙磅秤刻度精准到0.005英寸。直到19世纪，人们一直用象牙和兽骨制尺，因为这些材料较坚固，不易弯曲变形。但考虑到成本和实用性，最终还是被木尺和金属尺取代了。也有一些尺兼用木材与金属——我的维洛斯-145直尺（又一件在易贝上买的东西）尺身由黄杨木制成，一条边是钢"脊"，以确保直尺不会有划痕或凹痕，木尺常有这个问题。

黄杨木尺非常叫座，弗兰克·肖颇受鼓舞，便于1892年合并了霍尔街金属轧制公司和通用木工公司，重心逐步转向教学设备。两年后，肖设计出一款新圆规：喜力克斯螺环圆规（Helix Patent Ring Compass）。此前，圆规上皆设螺钉，画圆时用来固定铅笔位置。但如此一来，要调整松紧，就得用上螺丝刀。而肖设计的圆规上有一道金属环，单用手就能调整松紧。新时代就此诞生：人们在纸上画圆可较以往轻松许多。

金属圆规还能在教室斗殴中作为武器——据说，大卫·鲍伊（David Bowie）眼睛异于常人，就是15岁时与同窗好友乔治·安德伍德（George Underwood）斗殴所致。不过，这个故事不太可信（"只是一场意外。我没拿圆规、电池或任何你们觉得我拿了的东西——我甚至都没戴任何戒指。"安德伍德在鲍伊的自传《天外来客》（Starman）中这般解释。

比圆规尖更可怕的教室武器是剪刀。一屋子的孩子都有带利刃的剪刀，安全起见，剪刀尖一般都是"钝头"，并且学校严令禁止学生拿着剪刀追逐打闹（当然，递剪刀给别人要把剪刀把手朝着对方）。或许你觉得，"安全剪刀"竟是过去数十年里以过度保护、健康安全为要义的文化的产物，实在是矛盾。可实际上，早在那之前，就已经有"安全剪刀"这个概念了。1876年，俄亥俄州阿莱恩斯的亚摩斯·W. 科茨（Amos W. Coates）"改良"儿童所用"剪刀"（"基本上供小女孩剪布头做棉被、玩偶之类玩意儿用"），并为此申请专利。剪刀"两刃尖端设计成球茎状或带有护套"，防止孩子们"奔跑或摔倒时被剪刀戳伤"。

1912年，肖整合各种文具，推出第一套供学生使用的制图工具。其中包含"一支5英寸的喜力克斯圆规、黄杨木量角器、木制三角尺、6英寸长的直尺、铅笔及橡皮"。产品一开售就迅速热卖，不仅在英国畅销，在非洲和印度也很叫座，这也是牛津制图仪器套装（"齐全和精确"）的先驱，喜力克斯至今仍在出售牛津制图仪器套装。这套制图仪器在文具店里卖了上百年，全世界共卖出一亿多套，套装里的文具种类却一直是老样子。最新款的牛津制图仪器套装仍装在罐头盒里，盒上绘有牛津大学教堂和贝利奥尔学院的老图书馆，盒里仍旧是早期那些个文具（只不过直尺、三角尺和量角器都成了塑料的），倒是添了一把三角尺（原先只有45°/90°的三角尺，新增了30°/60°的三角尺）、削笔刀、注记模板以及一张资料页，资料页上列着一些数学公式和符号。套装包装的背面有文具简图，不过包装上也标着"由于市场需求不同，内容和示意图可能有所区别"。

年近花甲，弗兰克·肖有意退休，可膝下无子，公司无人继承（他直到快六十岁时才娶妻）。于是，他把公司卖给了他信任的两位同事：阿瑟·劳森（Arthur Lawson）和阿尔弗雷德·韦斯特伍德（Alfred Westwood）。劳森是他的律师，韦斯特伍德则为公司尽心效力了20年,管理着工厂。他们二人各支付5000英镑(相当于现在的22万英镑左右)。1919年,他们买下公司时,公司的年营业额约为1.7万英镑;两年内,他们就把年营业额提至2.5万英镑。可是,20世纪二三十年代,营业额开始停滞不前。

1925年,阿瑟·劳森之子戈登(Gordon)与阿尔弗雷德·韦斯特伍德之子克利夫(Cliff)加入公司。戈登负责木工生产,克利夫则一路晋升为金属制品工厂的监工。5年后,两人均位列董事会成员。为解决经济大萧条导致的财务窘迫,公司只好精简业务,砍除收益不高的系列产品,还冻结了工资。20世纪30年代后期,公司开拓海外市场,状况有所改善,可二战随后而来,实在对公司无所助益。一切生产均为战争服务,精准测量仪器和导航设备是生产重心。战后,公司开始拓展海外业务,尤其针对正在建立和发展教育体系的英联邦国家。1952年,阿瑟·劳森去世,戈登·劳森成为公司总裁。两年后,克利夫将名下股份卖给戈登,离职退休。与此同时,戈登·劳森的妻子埃尔希(Elsie)加入董事会。从此,喜力克斯成为家族企业。

20世纪50年代,公司逐步走向现代化。公司从外部购入赛璐珞三角尺和量角器成品,木制产品逐步淘汰。1955年,公司名称从通用木工公司改为喜力克斯通用公司。四年后,喜力克斯公司启用第一套塑料铸模设备。未来由此起步。木材越来越贵，而塑料模具生产技术日趋成熟，因此塑料直尺越来越得人心；它比木尺便宜、轻便，而且是透明的，用作技术制图再合适不过。不过，塑料尺有一处缺陷：不够结实。早期的塑料非常脆，哪怕轻轻地颠一下也会碎裂。

制造工艺改良后，直尺越来越坚固。如今，喜力克斯的直尺能"抗碎裂"（Shatter Resistant）；过去30年里，英国所有学校的人都熟知这个词。它至今仍印在直尺上，仿佛这是喜力克斯产品的特性而非行业标准。不管在哪个教室，至少有一名学生会误解这个词，以为尺子摔不坏（然后就试图证明这个说法不对）。不过，这个说法还算谦虚的，只是说"抗"碎裂，没说尺子不可能给人掰成两半。"碎裂（shatter）"一词所用字体（维克·卡利斯设计于1973年，并以此在当年的"拉图雷塞国际字体大赛"中获胜）参差不齐，令人联想到碎玻璃，表明"碎裂"和"断成两截"是不同的概念。我想向我的同学说明这一点，可他们不听，非要拿我的尺子来检验这个说法。有些尺韧性增强，从"抗碎裂"升级为"防碎裂（Shatterproof）"。我桌上有把尺子（从上一处工作的地方偷拿的），结合了这两种说法，宣称"防抗碎裂"（Shatterproof Resistant）。我实在不知这该如何理解。意思是能防止尺子不碎裂吗？我整日提心吊胆，就怕它突然爆炸，碎成上百万片。这可不利于我活命。我得把它扔了，可是，我不确定用手去拿是否安全。

塑料尺有韧性，不仅不再易碎，还可以用来满教室弹橡皮，或者拿来弹桌子边，震得"啪啦啦啦"响。而有些尺不仅柔韧，功能也多，尤其是帕尔瓦制品公司（Parva Products）20世纪40年代出品的"信件秤和尺"，尺一端刻有槽口，尺身中间有3个孔。称信时，把信卡进槽口，把铅笔放进尺中间的某个孔里。当尺子平衡时，看孔旁边对应的刻度便可知信件重量，计算出所需邮资。它不仅可以拿来在寄信前称信，还可用作放大镜、曲线板、圆规、量角器、水准仪以及三角尺。

1959年，戈登·劳森猝然离世，埃尔希接任公司总裁，其子彼特（Peter）担任总经理。此后十年，埃尔希走遍非洲、亚洲以及中东，大力宣传喜力克斯的产品；加入英国商务代表团以及英国国家出口委员会（British National Export Council）。她的付出终究得到了回报。到20世纪60年代末，公司共与八十多个国家的企业有合作，她本人也荣膺大英帝国勋章（OBE）[1]。20世纪七八十年代，公司不断壮大，1975年收购了钱柜制造公司"邓恩和泰勒"（Dunn&Tylor），两年后又收购了橡皮制造商卡尼尔橡皮有限公司（Colonel Rubber Limited，这个名字让人觉得这个公司是文具主题的"妙探寻凶"中的一个残次品）。

当初，弗兰克·肖临近退休才发现没来得及给自己找

---

[1] 大英帝国最优秀勋章（Most Excellent Order of the British Empire），简称大英帝国勋章（Order of the British Empire），或译为不列颠帝国勋章，是英国授勋及嘉奖制度中的一种骑士勋章，由英王乔治五世创立于1917年6月4日。

好继承人。劳森一家掌管公司50年,最后马克·劳森(Mark Lawson)从兄弟彼特手中接过公司,劳森家族在喜力克斯的时代也最终在他手中终结。人们一度揣测,马克已经年近古稀,公司将何去何从。2012年1月,喜力克斯宣布,公司从此交由职业管理人团队经营。有报道称,喜力克斯此举是因为面临财务危机。总经理马克·佩尔(Mark Pell)否认了这一说法,称公司有此决策是因为家族企业管理模式已经"过时",需要与时俱进。随你怎么说,马克,随你怎么说。

职业管理人团队接管不足一月,法国文具生产公司马培德(Maped)就宣布将收购喜力克斯。1947年,马培德在法国成立,前身为"精密仪器及绘画用品生产公司(Manufacture d'Articles de Precision Et de Dessin)"。起初,公司主要生产黄铜圆规,不过最终扩大了生产范围。1985年,公司开始卖剪刀;1992年,收购法国橡皮生产厂家马拉(Mallat),开始销售橡皮。20世纪90年代,公司产品增加了订书机、卷笔刀以及其他办公用品。马培德发展蓬勃,开始建立海外分公司,1993年首先在中国建成马培德文具有限公司,然后在阿根廷、加拿大、美国及英国开设了分公司。马培德和喜力克斯一样——卖得最成功的都是圆规——然后扩展到其他学校设备及办公设备。所以,马培德收购它在英国的竞争对手,合情合理。宣布收购计划时,马培德总裁雅克·拉克鲁瓦(Jacques Lacroix)说,"考虑到我们两家公司的产品组合和地理位置,两家合并，能产生可观的效益。"和雅克·拉克鲁瓦一样，我——尽管，说实话，我无法想象弗兰克·肖或埃尔希·劳森能说出"可观的效益"或"产品组合"这样的话——也"很高兴看到喜力克斯能继续自主运营，同时还获益于马培德集团强大的生产及资金支持。"

第九章

我生活中的一抹亮色：荧光笔

如今，没有荧光笔的生活实在难以想象。

从前——其实也没那么久——若想强调文件中某个关键词或某处紧要细节，只能在下面画条横线。一堆黑字之中，红色笔迹可能比较醒目，可我们还是希望能有一条斜斜的粗线。这个世界需要一支笔尖像凿子一样的笔，既可以用来标注一个词，也能标注整个段落，墨色明亮鲜艳又具备透明度，不会把标注的字弄模糊。荧光笔！不过，在生产荧光笔之前，得先发明合适的笔尖。

日本人幸夫崛江（Yukio Horie）最早研发出使用纤维笔尖的笔，荧光笔就是由此而来的。纤维笔头（或"毡头"，这个称呼比较常用）用起来像刷子，浸入墨水，在纸上写字；不过，纤维笔尖有一处明显不同于刷子，那就是墨水存储在笔管内部，而不是墨水瓶或调色盘中。1946年，崛江成立大日本本古公司（Dai Nippon Bungu Co.），后来更名为"日本文具公司"（Japan Stationery Company），最终成为全球知名的大公司——派通公司。该公司生产用于教学的蜡笔与毛笔。眼见圆珠笔与日畅销，崛江决定自主研发一种特别的笔，助公司脱颖而出。崛江想发明的笔既要写起来像写日本书法用的那种毛笔，也要像圆珠笔那么好用。

崛江用树脂将一束丙烯腈系纤维绑在一起，这样制成的笔尖有足够的硬度，可以削成精细的笔尖，同时柔软度也足够，能吸墨。笔尖接着墨管，书写时，墨水可顺利流出。墨水要想流出墨管，必须足够稀薄，同时又要足够黏稠，以免泄漏。笔管尽头开有一道气孔，管内空气可以逸出，即使受热，笔管内的气压也不会增加，墨水也就不会漏出。经过8年的改良，崛江研发的新笔（叫"签字笔"，因为笔迹醒目，成为签署重要文件的理想选择）蓄势待发。新笔发布初期，市场反应十分冷淡，崛江把笔带到美国后，这款笔才渐渐风靡起来。有一天，这款笔闯进了白宫，美国总统约翰逊用了这支笔。1963年，它被美国《时代周刊》评为"年度最佳产品"，后来，"双子座"太空飞船中也用了这种笔。

没错，多年来，其他公司也在研发各种毡头笔——1908年，李·W.纽曼（Lee W.Newman）为他设计的带吸墨笔尖的记号笔申请专利（"实际操作时，我更喜欢用毛毡制作这种笔"），1952年，西德尼·罗森塔尔（Sidney Rosenthal）发明魔力马克笔（Magic Marker）。可是，崛江用树脂将纤维绑在一起，那样笔尖可以削得十分精细，这也为我们如今使用的凿型笔尖和子弹头笔尖铺平了道路。1965年，《纽约时报》报道称这种纤维笔尖的笔越卖越好，肯定了崛江的贡献。"一位日本制造商唤醒了这种书写工具市场的活力，人们对此有争议，"报道称，"这家日本公司总部在东京，名为'日本文具公司'。它销售的马克笔叫作派通笔，现在，美国的家庭、学校和办公场所，到处都有这种笔。"

《纽约时报》发表文章指出，美国企业很快就看出这种笔的潜力，开始研发自主品牌，报道称，"其实，美国主要水笔或铅笔制造商几乎全部进入了这个迅速崛起的领域"：

> 派克也加入竞争，面对其他强势竞争对手——例如W.A.犀飞利墨水笔公司（W.A.Sheaffer Pen Company）、斯科瑞普托有限公司（Scripto Inc）、伊斯特布鲁克钢笔公司（Esterbrook Pen Company）、维纳斯笔具公司（Venus Pen and Pencil Company）以及林迪笔公司（Lindy Pen Company），除了这些人耳熟能详的公司，还有一些不那么出名的公司，例如斯皮迪化学制品有限公司（Speedry Chemical Products Inc，魔力马克笔的出品商）、卡特墨水公司（Carter Ink）等，全都活跃在这个市场领域中。

读这样一份由许多独立公司组成的名单，竟多少令人振奋，好过读一份只有几家大型联合企业及其子公司的名单。上述名单中列出的公司，要么已停业，要么已被兼并收购（伊斯特布鲁克钢笔公司和维纳斯笔具公司1967年合并，变成维纳斯-伊斯特布鲁克，后又被纽威尔集团子公司——也就是派克——收购。犀飞利则成了比克笔公司的一部分，斯皮迪的魔力马克笔则成了绘儿乐旗下产品）。

精细纤维笔尖笔风靡全美之际，新型墨水和颜料也研制成功。水基墨比较薄，不像乙醇基墨水那样容易渗进纸张。同时，颜料制造工艺进步，这就意味着可以生产出黄色、粉色之类鲜艳的颜料——足够醒目，涂在纸上一眼就能看到，同时又是透明的，不会遮掉下面的字。荧光笔的时代就要来临。

卡特墨水公司也许不为《纽约时报》所知，但它其实是出色的墨水制造商。1858年，威廉·卡特（William Carter）从他伯父那里租借商用物业，在波士顿成立了这家公司。起初，公司名字简单直白，就叫"威廉·卡特公司"，出售纸张给当地店铺。不过，随着公司业务增加，卡特开始大宗采购墨水，然后重灌到贴着自己名字的瓶中。可惜，美国内战爆发，这个巧妙的生意计划被迫中止。卡特采购的墨水来自"塔特尔和摩尔"（Tuttle&Moore）墨水公司，战争爆发后，塔特尔沙场赴战，摩尔逐渐停了公司的业务。卡特开始自己生产墨水，他交复制税给塔特尔和摩尔公司，获得了配方使用权。

为了置放生产设备，卡特搬至新厂房，他的兄弟爱德华（Edward）也加入了公司，于是公司改名为"威廉·卡特兄弟"。不过，这个名字改得不够有远见。很快，他们的另一个兄弟约翰（John）也加入公司，公司改名为"威廉·卡特与兄弟们"。1897年，他们的堂兄弟加入公司，公司又一次改名，变成"卡特兄弟公司"。卡特要是一开始就想个能通用的名字，就不用费那么多钱修改信笺上方的印刷文字设计了。最终"卡特兄弟公司"改名为"卡特墨水公司"，整个20世纪初期，公司不断研制新产品——打字机用的复写纸、水笔、打印机色带、新墨水。它不断创新，始终立于不败之地。

1963年，眼见派通公司的纤维笔尖签字笔大获成功，自家公司又精于墨水生产，卡特便发布了一款新品：荧光高亮笔（Hi-Liter）。起初只有黄色款，售价39分（相当于现在的2.99美元）。《生活》（Life）杂志上登了一则广告：

卡特读书荧光笔——清晰，"透过"明黄色荧光笔阅读词语、句子、段落、电话号码、一切。使它们变得"高亮（Hi-lite）"，那样你就能一眼找到！速干墨水，不会浸湿纸张。

卡特也同时打出新款记号笔广告：卡特Marks-A-Lot马克笔（"画广告包装？区分工具、玩具、靴子、盒子？Marks-A-Lot马克笔最好用——醒目、清晰、不褪色"）和亮色马克笔（Glow Color Marker，"想要给海报和装饰品增添一抹亮色？想要指示牌和陈列品'闪闪'发光？试试这款马克笔吧，五色可选，火焰般闪闪发光，炫目耀眼——效果显著！"）。广告中还有一句非常重要的呼吁：快去最爱的店里集齐卡特马克笔，今天就买些回家！

卡特荧光高亮笔营销很成功，在美国一直很畅销。如今，这款笔有多色可选，不过黄色和粉色依旧是荧光笔市场的主流，占销售总量的85%左右。黄色处于人眼可见光光谱的中间段，十分显眼，比其他颜色更易辨识（即使是红绿色盲也能看到）。荧光高亮笔带来一种全新的笔记方式、全新的复习方式、全新的学习方式。要说它改变了全世界可能太过夸张，但它确实小小地改变了世界。世界需要革命，也需要进化。不过有些人不喜欢荧光高亮笔，德国人冈特·施万豪瑟（Günter Schwanhausser）就是其中一位。

20世纪70年代初，施万豪瑟赴美旅游，在一家文具店看到一支新款荧光笔。他有个习惯，只要离开祖国，就要去文具店逛逛，确保自己时刻紧跟世界潮流，掌握铅笔、水笔等产品的最新动态。这并不仅仅是个奇怪的执念，也不是什么无聊爱好，施万豪瑟骨子里流淌着对文具的爱。

1865年，冈特的曾祖父古斯塔夫·亚当·施万豪瑟（Gustav Adam Schwanhausser）收购了"格罗斯伯格与库尔兹"铅笔工厂。这家工厂是乔治·康拉德·格罗斯伯格（George Conrad Grossberg）和赫尔曼·克里斯蒂安·库尔兹（Hermann Christian Kurz）十年前在纽伦堡创办的，很快就背上了债务，对当时年仅25岁的古斯塔夫来说，这项投资是一场冒险。不过，短短几年内，他就扭转了工厂经营惨淡的局面。收购工厂十年后，古斯塔夫发明了生产复写铅笔的方法并申请了专利。复写铅笔是一种含有苯胺染料的铅笔，用它写下文字后，使之湿润，压在另一张纸上，就可以复制刚才写的内容，不过是镜像型的。因此，要用极薄的半透明纸张，那样复制好的纸可以翻过来，字也就正了。

随后几年，施万豪瑟工厂的规模日益壮大，生产的铅笔也越来越大——1906年，在巴伐利亚国家展览上，这家工厂拿出了当时世上最大的铅笔（长约30米，不过跟现在的世界纪录保持者——施德楼2011年生产出来的225米长的怪物——比起来，显得微不足道。"铅笔一端削尖，在公证员的见证下，在纸上写下了一些字。"吉尼斯世界纪录官网严肃声明）。

1925年，施万豪瑟工厂（现在缩减为"施万"）推出一大品牌（如果不能仅仅算作产品的话）——思乐笔（STABILO，从一开始就全部采用大写字母以引人注意），正是这一品牌使得施万声名远扬。最早的思乐笔产品是彩色铅笔，"笔芯极细且坚固，颜色细腻，如天鹅绒般柔软"。这种新铅芯是奥古斯特·施万豪瑟博士（Dr August Schwanhausser，古斯塔夫·亚当的儿子，冈特的叔祖父）研发出来的，既比同时期其他铅笔笔芯纤细，又比它们坚固，因此增强了产品的"稳定性"[1]（由此取名思乐笔，STABILO）。由于笔芯比市面上其他铅笔更坚固，施万便打出广告，称之为"永远不会断的铅笔"。这句广告词引起了铅笔制造者协会（Association of Pencil Manufacturers）的注意，它对此抱有异议。最终，施万作出让步，将广告词改成"不会断的铅笔"（不过在我看来，这两句广告词意思完全相同——铅笔制造者协会的立场也太不坚定了）。

---

1 稳定性，英文stability。

1950年，冈特·施万豪瑟加入公司，成为家族企业第四代成员。至此，思乐笔产品已经包括了优质钢笔和铅笔。此外，公司还推出两个系列产品：奥赛罗（Othello，面向普通消费大众）和斯万诺（SWANO，面向儿童）。公司还将销售领域扩展到了化妆品——最早于1927年推出眉笔，后来增加唇线笔和眼线笔（虽然这些在英国并不出名，但施万的化妆品销售占了公司年销售总量的一大半）。

美国各大公司匆匆进军纤维笔市场之时，施万也出了类似的水笔。20世纪60年代末，施万推出两款纤维笔：思乐-OH笔（用来在醋酸乙烯酯透明投影胶片上写字）和思乐-68笔（"第一款供学习或有兴趣者使用的'绘画'笔"）。1969年，冈特的父亲和两位叔父退休，冈特和堂兄弟霍斯特接管公司。霍斯特负责化妆品部分，冈特负责研发新的书写工具。就在这时，他看到了荧光笔。冈特觉得这种笔潜力无限，他也发现美国学生考试前复习时爱用这种笔。于是，他想扩大荧光笔的销售范围，将更加有利可图的办公场所也纳入销售范围。不过，对荧光笔的质量，他并没有深刻印象（"简单的圆笔柄，又粗又短的毛毡笔尖"），也没多大兴趣。他只是觉得，这种新型笔不应该看上去跟架子上其他笔一样。得让它与众不同。冈特相信，如果他能解决这个问题，他的新款荧光笔一定会成功。于是他怀揣目标，回到了德国。

墨水是重中之重。若墨水用错，那他的荧光笔就比他在美国看到的那些好不到哪里去。在施万，化学永远处于重要地位。奥古斯特·施万豪瑟博士（冈特的叔祖父）研制的纤芯彩色铅笔奠定了思乐笔的品牌基础，奥古斯特之子埃里希（Erich）延续传统，在20世纪20年代末加入公司前，获得了化学博士学位。由于没学过化学，冈特便将研发更加明亮的新款荧光墨水这项任务交给了公司研发部总监汉斯－乔基姆·霍夫曼博士（Dr Hans-Joachim Hoffman）。

荧光墨水和涂料最早是加利福尼亚的一对兄弟罗伯特·斯维泽（Robert Switzer）和乔·斯维泽（Joe Switzer）在20世纪30年代研发出来的。有一天，卸货时，罗伯特遭遇一场意外，昏迷了几个月。醒来时，他发现自己视觉受损，医生建议他待在昏暗的房间里，直到视觉恢复。在那段昏暗的时光里，他对紫外光以及荧光与磷光混合物的特性萌生了兴趣；那些在黑暗中发亮的东西（当时他那双十分脆弱的眼睛唯一能接触的东西）。他一恢复视觉，兄弟俩就开始用父亲药店仓库里的荧光物质做试验（他们把紫外线灯，或曾用过的其他一切发光的东西带进仓库）。通过混合自然发光的物质，他们发现了虫漆等物质，最终发明了"日辉牌（Day-Glo）"荧光漆。战争期间，日辉牌荧光漆成为军用物资——空军能够通过荧光织物认出自己国家的军队，即使在夜里，荧光漆画的边界线也能看清，因此飞船可以连夜避开日军行进。战后，人们用这种漆标识路牌、锥形交通路标、大楼内的出口指示牌、服装以及休闲产品。20世纪六七十年代，紫外线灯（或"黑光灯，Black Light"）在嬉皮士中十分流行，他们用卡特墨水公司的亮色马克笔设计真假难辨的迷幻海报。霍夫曼的团队设计出了类似的墨水，用在了冈特的荧光笔中。

我把这家公司的发展历程从头到尾看了一遍，你可以想象，当我用黄色思乐荧光笔的凿形笔尖标出"公司最资深的化学研究员团队，在汉斯-乔基姆·霍夫曼博士的带领下，很快就研制出了黄色荧光笔"这句话时，我感到多么满足，那是发自肺腑的激动。汉斯-乔基姆·霍夫曼博士及其团队的成就突出，还有比用他们研制出的黄色荧光笔标注更能向他们致敬的办法吗？

不过，虽然荧光笔的墨水问题解决了，但冈特还有一个问题。他想让荧光笔看起来与众不同。要新颖别致，而不是跟别的荧光笔一样，圆笔柄套个盖子。他命公司的设计师团队设计一个新造型。他们提出了一些方案，但都缺点什么。他们用黏土做了各种各样的模型，粗的细的，长的短的，苦思冥想，找寻灵感。最终，他们决定采用圆锥体造型——圆笔管，一端粗一端细。他们确信这就是冈特想要的设计，于是把用黏土做的模型拿给他看，可他还是不满意。这样的局面让设计师们垂头丧气，沮丧透顶，其中一名设计师一拳砸扁了黏土模型。冈特喜欢这个。

尽管纯属意外，但这种"宽宽扁扁的"荧光笔才是最好用的。它造型独特,那样你眼都不用抬,就能找到它;它的笔身是扁平的楔形,也就是说,它不会从桌面滚下去。它结实、厚实,而且令人放心。设计师把这个被压扁的圆锥体拿给工程师,做出了模具。笔身会采用跟墨水一样的颜色——就像高亮文本在纸上十分显眼一样,架子上的荧光笔也会十分突出。笔身颜色虽然跟墨水颜色一样,但为了有个统一形象,笔头旋盖一律采用黑色。荧光笔的凿形笔尖被切去一角,这又给这款荧光笔添上一个利落的小特质——可以画出粗细不同的线条;用粗的那边可以画出5毫米的线(适用于标注大段文本),换一边可以画出2毫米的线(适用于标注个别词语)。

冈特深信他的新款荧光笔将大卖,不过他还忘了最后一件事:这款笔需要一个名字。必须要像它的造型那样独特,要能表现出这种笔的重要性,要简短,又不失气势。"波士乐(BOSS),思乐-波士乐(STABILO BOSS)",这名字听上去很棒。实际上,冈特觉得这个名字听上去非常棒。他对这个名字情有独钟,决定不像公司其他产品那样给笔编号,就叫思乐-波士乐。

至此,荧光笔的墨水、造型和名字都让冈特·施万豪瑟十分满意,是时候让它在世人面前亮相了。他很清楚,卖这款笔必须采用硬性销售的手段——人们已经习惯于用普通的笔在文本中标下画线,为什么要费钱去买一支特别的笔,做他们从未做过的事呢?他要卖的不仅仅是新款马克笔,还是一种新的行为习惯。他采取巧妙战略,给一千位在德国颇有声望的人寄了试用品；商业领袖、大学教授、公司总裁，甚至是德国总理。每支笔都附有一封信。"它可以帮您简化工作，节省出宝贵时间去做更重要的事，它属于你的书桌。"信中这样写道。让全国上下的商业领袖知道这支笔是提高生产力的利器后，他开始给中层管理人员和部门经理寄试用品。这批人若是能认可冈特对于荧光笔发展前景的构想，很可能下大订单。果不其然，确实如冈特所料。在思乐-波士乐发行前后，冈特·施万豪瑟没有任何侥幸心理。"此后，没有任何一款产品像它一样思虑周全。"冈特后来写道。皇天不负有心人，思乐-波士乐成为史上最受欢迎的荧光笔。

波士乐荧光笔的成功让公司重新焕发生机，因而能够在魏森堡新开一家工厂，专做塑料注模。有了新工厂，公司就可以尝试生产新的笔型和款式了。此前，他们把精力全放在研发新墨水和铅芯上，现在终于可以专注于人体工程学了。他们研究笔的手感，生产专供惯用左手的人使用的笔，专为儿童设计的橡胶握把。1976年，由于波士乐的成功，公司由施万铅笔公司改名为施万-思乐笔（Schwan-STABILO）。

荧光笔足以保障施万豪瑟家族的荣华富贵，可惜它没能罩着早在1963年就推出了第一支荧光笔的卡特墨水公司。后来，卡特墨水公司被丹尼森制造公司[1]（Dennison Manufacturing）

---

[1] 该公司后来和艾利国际公司（Avery International）合并，成为艾利-丹尼森公司（Avery-Dennison）。

收购。荧光高亮笔仍是艾利－丹尼森公司的一种产品，在美国仍常见，不过，关于卡特墨水公司的东西所剩无几——丹尼森制造公司在收购卡特墨水公司的过程中，弄丢了公司的记录文档（包括早期的合同和那些未及完善的墨水配方）。

1963年面世之后，荧光笔（无论什么款式）于随后几年里问题频出，面临诸多挑战。其中，最棘手的挑战是变动频繁的办公及家用打印技术。每次出新墨水，或印刷技术更新，就有新问题出现。对荧光笔制造商而言，没什么能比荧光笔墨水弄糊印刷文件更糟糕。有时候，为了避免这种灾难，生产商直截了当地事先提醒用户注意产品使用限制。我在易贝上买过一盒S501F派通透视马克笔（See-Thru Marker），盒上写着，"不建议用于NCR复写纸（NCR指的是NCR集团研发的无碳复写纸）"，不过我最喜欢的是"透视马克笔"这个表述，说明并不是所有的荧光笔名字里都要有"荧光笔"三个字。

思乐笔一直在设法跟上印刷技术的变化，2008年推出的思乐－波士乐－执行（STABILO BOSS EXECUTIVE）采用"受特别专利保护、采用特殊颜料的防洇墨水"，并且由"著名印刷企业利盟公司（Lexmark）检测推荐"，而有些人则试图彻底摈弃墨水，研制出绝不洇墨的荧光笔：一种荧光笔隐形体验。施德楼、鼹鼠皮、思乐笔及其他品牌都推出了"干性"荧光笔——能在纸上画出鲜亮醒目线条的粗芯荧光铅笔。此外，还有荧光胶带——能在上面书写的透明荧光胶带。汉高1999

年推出的这款胶带还有一个长处,那就是一旦不再需要,可以揭除。再近一点,百乐在可擦笔系列产品中增加了可擦荧光笔——可擦荧光笔(FriXion Light)。

现在,文档不用打印出来就能高亮。微软 Word 的高亮工具特意"使文本看上去像是用荧光笔标注过"(毋庸置疑,默认颜色是黄色)。我们不再需要荧光笔来标注文本。一切皆有可能。

第十章
我就这么黏上你了：黏胶

"我就这么黏上你了,因为我是胶水做成的。"莫·塔克(Moe Tucker)在《我就这么黏上你了》(*I'm Sticking With You*)这首地下丝绒乐队创作于1969年的歌中唱道。歌词很巧妙,不过说得不对。如果莫是胶水做的,那么她应该会"黏住"(stick to)我,而不是"黏上"(stick with)我。若说有什么不同,那就是用"黏上"而不用"黏住"的话,我才是那个胶水做成的人。我不是胶水做成的。差不多当莫·塔克说自己是胶水做的时候,一家德国公司也在考虑这些黏糊糊的东西。不过他们考虑得更周全。

1967年,德国汉高制造公司研究员沃尔夫冈·迪尔里希博士(Dr Wolfgang Dierichs)出差。检票,登机,找到座位坐好,系好安全带,等待飞机起飞。飞机降落时,迪尔里希产生一个将会改变世界的主意。飞行途中,他受到一个场景的启发:一位女士正细心地涂着口红。迪尔里希看着她,开始思考像口红那样的东西能否有别的用途。你可以采用那种设计,细细的可旋转管状容器,在里面放一根固体胶棒。既干净,又方便。只需拿掉盖子,需要多少用多少。没有瓶子,没有刷子,只有一根胶棒。当然了,大多数人看见女人描口红的时候,不会想"试想,倘若她现在往嘴唇上涂的是胶水",不过迪尔里希在汉高颇具规模的黏合剂研发部门工作,有此联想我们也能理解。

百特胶棒官方档案中,迪尔里希的灵感与发明都被归功于飞机上那位女士,却没说那位女士是谁。关于这个故事,公司官网上有许多版本,新闻发布稿中有,公司发展历程档案中也有,可一处也没提到那位女士的姓名。她是普通乘客,还是机舱乘务人员,无从知晓。关于她的描述仅仅是"一位女士"——有时候是"一位年轻的女士",有时候是"一位美丽的女士"。愤世嫉俗之辈可能会怀疑这位女士是否存在,甚至怀疑这个妙点子是不是迪尔里希在飞机上想出来的。说不定,这个故事是胶棒发明几年后,公司为了给整件事增加一抹浪漫色彩杜撰出来的。不过,我不愤世嫉俗。我相信汉高。

1876年9月,28岁的弗里茨·汉高(Fritz Henkel)和两位同事在德国亚琛成立"汉高公司"。起初,公司专卖硅酸钠(又称"水玻璃")制成的洗衣粉。虽然市面上已有同类产品,但汉高的洗衣粉更好用——汉高的洗衣粉并非散装出售,事先已分装成小包。两年后,公司开始卖漂白粉:汉高漂白碱,德国首个注册商标的洗涤剂。公司日渐兴盛,办了新工厂,聘用员工去全国各地出差,宣传产品。产品种类不断更新,越来越丰富;除清洁用品外,还有润发油、牛肉汁和散装茶叶。

此后的一个世纪,公司不断扩大营业范围,最终确定三大要领域:"衣物清洁与家居护理"[1]、"美容及个人护理"[2]以及"黏合剂、密封剂与表面处理剂"。最后一个就是迪尔里希工

---

1 包括各种品牌,例如1907年推出的宝丝牌(Persil)。
2 施华蔻洗发用品。

作的部门。汉高最早接触黏合剂是在一战期间。当时,包装物资用的胶水原料紧缺,于是汉高开始做实验,验证他们用来制造洗涤剂的原料可否用来生产胶水。

千百年来,人们用了各种各样的方式黏东西。例如用桦树皮焦油把石片黏在一起就成了原始的工具,2001年,这个东西在意大利中部被发现,应该是20万年前的古物。桦树皮经高温蒸煮,变成浓稠的胶状焦油。沥青也是用来制造早期石器的胶水。在南美洲有着7万年历史的西布杜洞穴(Sibudu Cave)中,有复合黏合剂的痕迹:并非简单地使用沥青这样的天然物质,而是将代赭石与植物胶混合,把石片"装到"木棍上,制成武器。代赭石能够使接合处黏合得更紧(纯植物胶十分脆弱,遇到撞击就会碎落),植物胶在潮湿的环境中也不容易溶解了。

弗洛伊德·L. 达罗(Floyd L. Darrow)在1930年写了一本关于胶水发展历史的书,《一项古老艺术的历史》(*The Story of an Ancient Art*),讲述了古埃及人用胶水做镶木家具的事。底比斯[1]有一面有着3500年历史的壁画,画上,一口胶锅正架在火上加热,手艺人拿着一把刷子刷胶水。有人曾从墓中发掘出一些当时的家具,明显有用胶水进行黏合的痕迹,家具表面也有镶木。在《家具史话》(*The Story of Funiture*)一书中,

---

[1] 底比斯:Thebes,又译作忒拜,是一座位于中希腊维奥蒂亚州的城市。因为这座城市是关于卡德摩斯、俄狄浦斯、狄奥尼索斯、七将攻忒拜、特伊西亚斯等故事的发生地,所以它在希腊神话中占有重要地位。

阿尔弗雷德·克彭（Alfred Koeppen）和卡尔·布罗伊尔（Carl Breuer）写道："古埃及时期，人们就已知道要给家具镶贴昂贵薄木片，使普通木家具增值。"克彭和布罗伊尔描述了古埃及人曾使用过的两种胶水：

> 普通的那种，工匠用的胶水，是用动物内脏和鱼泡做的。还有一种胶水是用生石灰和蛋清或干酪素制成的。

古埃及人发现，薄木片除了可以装饰家居，对家居构造也有好处——实木制成的家具镶贴薄木片后不易受潮变形。当时的家具一直留存至今，可见古埃及木工工艺高超（我那摇摇晃晃的宜家书架就不可能那么长寿）。"历史研究表明，若非当时的人掌握了镶贴木片的工艺，这些家具的美丽根本无法保存，"达罗写道，"而在这种古老的技艺中，胶水的地位举足轻重。"

希腊人和罗马人也深谙制胶工艺。在《自然史》（*Naturalis Historia*）一书中，老普林尼将胶水的发明归功于达代罗斯（Daedalus），他描述了两种胶水：牛胶和鱼胶。不管在什么动物身上任取一小块，都可以提取胶原蛋白（这个词起源于希腊词语kola，是"胶水"的意思）用作胶水中的胶质，"用牛的耳朵和生殖器制成的胶水最好。"老普林尼说。鱼胶又叫"鱼鳔胶"（ichthyocolla），取自用来制作这种胶水的鱼的名字。普林尼还描述了一种"普通的纸浆糊",用"精细面粉加沸水搅拌,洒上几滴醋"制成,类似于如今小学校园用的那种用面粉与水和出来的浆糊。

尽管普林尼说达代罗斯用牛制成了胶水,可与胶水制造联系最紧密的动物其实是马。上了年纪不能继续劳作的马被送去"屠马场"(knacker's yard,这个词可能源自16世纪的古斯堪的纳维亚词语 hnakkur,意思是"骑马"),用来制胶。不过,没有任何证据表明,用马制作的胶水比用别的动物制成的胶水好使——它并没有那么黏。在英国和美国,马是用来从事劳动的,而不是养来吃的。因此,一旦它们不能继续劳作,不会变成盘中美食,而是另作他用。

罗马帝国陨落后,镶贴木片的技艺几近失传,直到十六十七世纪才慢慢重生:1690年,世上第一家做胶水生意的工厂在荷兰建成,他们用动物皮制造胶水。1754年,彼特·佐梅尔(Peter Zomer)"在沉积垃圾中,从制鲸油[1]的人认为毫无价值或没什么大用而丢弃的鱼块中,翻找出尚未解体的鱼块,挑出鱼尾和鱼鳍",用来制造胶水。他是第一位为此在英国申请专利的人。因此,胶水生产有效利用了生产鲸油的副产品,既经济又环保。不过,佐梅尔自己也承认,这种胶水"不如英国用皮革屑制成的胶水"。

1　鲸油,train oil,由鲸脂制成,名称源自中古低地德语 tran 和中古荷兰语 traen,意思是"眼泪",一滴一滴地从鲸脂中提取出来,用在油灯中或用来制肥皂。

19世纪末之前，胶水生产出来后只能在当地出售，主因是胶水贮存期太短，经不起长途运输，否则待到售卖时已经干涸。威廉·勒佩吉（William LePage）率先找到了解决之道。制造鱼胶时，他用碳酸钠清除了所有盐分，"之前，盐分一直是胶水中最大的障碍"。在那之前，人们会除去鱼鳞而勒佩吉保留了鱼鳞，确保"材料优势，保留鱼鳞中对制胶水有利的特质，使得胶水比去鳞后的鱼制成的胶水更加耐用，更加黏稠"。勒佩吉的胶水生产出来后可以贮存数月，随用随取——别的胶水要加热才好用。

1849年，勒佩吉出生于加拿大爱德华王子岛，后搬去美国马萨诸塞州做洋铁匠，之后还当过化学研究员。当地水产捕捞业发达；跟早年的佐梅尔相仿，勒佩吉用当地人弃用的副产品制胶水。勒佩吉公司成立于1876年，早期产品主要卖给当地的皮革品制造公司。1880年，公司推出家用胶水。随后7年，勒佩吉公司在世界各地共卖出4700万瓶胶水。

1905年，美国印第安纳州的弗兰克·加德纳·珀金斯（Frank Gardner Perkins）发现了用植物代替肉类和鱼类制胶的办法，成功制造出第一支植物制胶。几年前，珀金斯试图将木薯（南美洲的一种农作物）引进佛罗里达州，结果十分糟糕。这种作物不适应佛罗里达州的气候，投资其"种植制品公司"的投资者损失30万美元后才认识到这一点。做木薯种植实验时，珀金斯发现，木薯粉受潮至一定程度，会像胶水那样黏稠。没法种植木薯，珀金斯就进口木薯粉，用来研制胶水。调配出满意的配方后，珀金斯立刻赶去"辛格制造公司"，向他们介绍其胶水的优点，希望工厂采用他发明的胶水。

  植物淀粉用于制胶已有几千年，可从未用于家具制造业。辛格想测试一下胶水性能。他们集齐一批用珀金斯发明的胶水黏合的木柜，"放在要多恶劣就有多恶劣的环境中——锅炉上方，蒸汽散热器后面，地下室里，特定温度的房间等地方"。这些木柜在恶劣环境中放了一年多才拿出来检验。幸运的是，胶水仍然黏合牢固。有了辛格的支持，珀金斯得以继续完善胶水配方。他从珀金斯1号开始，直到珀金斯183号，整整用了两年时间，才总算得到满意的结果。

  尽管植物胶水生产成本相对较低，尽管勒佩吉也生产出了随用随取的液体胶，但是主导市场的仍是用牛和马制成的胶水。一战爆发后，物资紧缺，汉高开始用"水玻璃"（他们用在清洁产品中的硅酸钠）研制胶水。一开始，他们只是为了解决自家公司的包装问题，并未将此看作一次商机。研制进展十分缓慢，直到1922年，公司才制出卖得出去的可靠胶水。起初，汉高专门做供油漆匠用的胶水，包括汉高干浆糊（Henkel-Kleister-Trocken）——一种可溶于水的干浆糊。20世纪30年代，公司开始尝试用纤维素制造胶水。整个二战期间，胶水生产从未停止，原先的工人被召去参战了，公司便用外国劳动力和战俘取而代之。战后，公司又开始研究合成树脂。

第一位靠合成树脂制胶赚钱的是亚历克斯·卡尔森（Alex Carlson），一位来自瑞典的鞋匠。1922年，他用合成树脂制成胶水。曾经，彼特·佐梅尔和威廉·勒佩吉都用当地工厂丢弃的副产品制胶水，如今卡尔森用的也是周遭能寻到的东西。他收集瑞典电影制片厂用剩的赛璐珞，混以丙酮，制成多功能胶水。瑞典电影制片厂不仅为卡尔森的胶水提供了原料，还帮他宣传了产品。卡尔森的合伙人欧娄·克拉尔（Olow Klarre）非常隆重地向世人展示了公司的吉祥物——一头名叫皮波（Peppo）的驴。克拉尔用公司的广告横幅盖着皮波，挤进当地一支正在接受新闻工作者拍摄的游行队伍。这次游行的新闻短片在全国上下各个电影院播放——这算是游击式营销的诞生吗？

到20世纪60年代，汉高已经生产出一批成功的合成胶水和树脂。他们开始在美国扎根发展，1960年，汉高收购了标准化学制品有限公司（Standard Chemical Products Inc）。紧接着，1969年，汉高公司推出百特胶棒。短短两年时间，百特胶棒就卖到了38个国家，如今，已经卖到了一百二十多个国家。百特胶棒年产量高达1.3亿支。产品发售至今，已卖出25亿多支（公司宣称，"画出的胶痕连起来可以从地球到地球的卫星——月球上，再到火星，然后再回到地球"）。

现在，百特胶棒的广告宣传形象是"百特先生"。百特先生是一支百特胶棒，也不知他是怎么活过来的。他也没个背景故事。彼得·帕克（Peter Parker）被一只遭受放射性感染的蜘蛛咬了，然后变成了蜘蛛侠；布鲁斯·班纳（Bruce Banner）受到伽马辐射才变成了绿巨人。而百特先生1987年凭空出世，完完整整地诞生于曼彻斯特广告公司"播登黛尔海因斯公司"（BDH）员工阿诺德·辛德尔（Arnold Sindle）的头脑中。百特先生的身体呈红色，就像国际版的百特胶棒（英国版百特胶棒是白色包装）。不过，红色百特胶棒的盖子也是红色的，可百特先生的盖子是白色的。用"盖子"这个说法合适吗？那是他的脑袋。抑或，这个盖子只是类似头盔的东西，他的脑袋藏在里面？具体情况不清楚。抛开百特先生怪异的身体构造不谈，每次使用百特胶棒，实际上都是把百特先生的孩子那黏糊糊的脑袋往纸片上抹。

　　从2007年开始，百特胶棒的红色标签上都印了百特先生（直至2011年，英国的白色百特胶棒上才开始印百特先生），不过纽约"比奇包装设计"公司的兰迪·鲁达瑟（Landy Ludacer）在官网上发现，"标签上，百特先生身着的是旧版的标签（旧版标签上面没有印百特先生）"。如果他身上的标签也要更新，以求更准确地展示新版标签设计（正是印了百特先生才使得旧版过时了），那么我们就会陷入德罗斯特效应[1]的无限递归——百特胶棒上印着百特先生，而百特先生身上印着

1　德罗斯特效应：Droste effect, 递归的一种视觉形式，指一张图片的某个部分与整张图片相同，如此产生无限循环。

印有百特先生的百特胶棒，无限递归下去，没完没了。"当然了，"鲁达瑟指出，"百特先生的下半身被裁出了标签，因此，算不准到底能循环多少次。"

不过，百特胶棒并非市面上唯一的胶棒。迪尔里希的设想一变成现实，其他品牌纷纷推出自己的产品，不过，没有哪家能与汉高百特胶棒的影响力相媲美。为了销售装在塑料管里的胶棒，人们花招百出。要么宣称自家胶棒比竞争对手的胶棒更黏，要么说自己家的胶棒更耐用。还出现了在胶水中添加染料制成的彩色胶棒，干了之后颜色又神奇地消失了（"涂的时候是紫色的，干了以后是透明的！"）。在这样熙熙攘攘的市场中，你不得不佩服UHU公司淡定的表现，UHU在宣传自家的胶棒（Glue Stic）时，只是简简单单地夸耀他家的胶棒有"独特的螺帽设计，防止胶棒变干"（即使防止胶水变干是胶棒封盖的基本功能）。

1905年，德国化学家奥古斯特·费舍尔（August Fischer）创办UHU公司。在那之前，他在布尔买了一家小化工厂。1932年，费舍尔研制出合成树脂胶水，完全透明。此前的胶都是"多功能胶"，例如卡尔森的克里斯特（Klister）胶棒，而费舍尔配置出的是"万能"胶。它什么都能黏，甚至包括早期的塑料，例如胶木（"UHU黏什么都黏得更好"）。这款胶棒的名字用的是拟声词，当时黑森林地区常见的鹰鸮昵称（"不要叫它胶……叫它'哟——吼——（Yoo-Hoo）'"）。尽管UHU

胶棒对战的劲敌是百特胶棒，但 UHU 有一处略胜对方一筹：UHU 胶水顾问（Glue Advisor）手机应用（苹果手机和安卓手机都能下载）。用户可以选择两种材料，这款应用会告诉你用什么胶黏合最合适。把天然珍珠和铅黏在一起？用 UHU 的 plus Endfest 2-K Epoxidharzkleber 胶水（可惜，虽然手机应用是英文版的，可产品名都是德文）。把软木塞黏在混凝土上？用 UHU 的 Montagekleber Universal 胶水。不过，胶水顾问也有无能为力的时候。有些时候，你想黏合一些东西，可是用胶水并不合适。你没法用百特胶棒黏合 20 英镑的纸币或是包装礼物。胶带，你需要胶带。

各种各样的胶带已经用了几个世纪。埃及人用亚麻布条浸泡灰浆制成丧葬面具。铅膏（diachylon），一种由多种植物汁混合橄榄油及氧化铅而成的混合物，古希腊人将它抹在亚麻布绷带上，当药用。托马斯·梅斯（Thomas Mace）在1676年出版的《音乐纪念碑》（*Musick's Monument*）或《纪念曾经存在于世的最佳实用音乐——圣歌和民歌》[1]一书中描述了制造鲁特琴的工匠在制造乐器时，用到了"小纸片，大概几便士那么大，用胶蘸湿"。1845年，纽约的威廉·谢伊卡特（William Shecut）和贺拉斯·戴（Horace Day）发明了"制造黏合剂、强化弹性树胶及其他材料以作药用的办法"，为此申

---

[1] A Remembrancer of the Best Practical Musick, Both Divine, and Civil, That has Ever Been Known, to Have Been in the World.

请专利。谢伊卡特和戴把黏合剂专利权卖给托马斯·奥考克（Thomas Allcock），后者将其作为治疗腰痛和其他疼痛的药膏来宣传。1887年，"约翰逊与约翰逊"公司开始出售用氧化锌制成的左恩娜斯（ZONAS）品牌胶带。几年内，约翰逊与约翰逊公司发现，这些胶带"除了用于手术，还有广泛用途。家中、作坊中、工厂中以及旅行途中都能用，它的用途清单简直无穷无尽"。这些用途包括：修复玻璃瓶玻璃罐、给容器贴标签、修书（不过，把胶带的作用展示得最淋漓尽致的，当数加冕街的杰克·达克沃斯和他一时兴起展开的大规模修复工作）。尽管药用胶带用途广泛，但它本身还是用于医药方面的。直到几年后，万能胶带才出现。

发明万能胶带的是迪克·德鲁（Dick Drew）。1921年，德鲁大学毕业后，直接进入美国3M制造公司，在实验室里检测"WetOrDry"防水砂纸的质量。拿砂纸去当地汽车厂车间测试砂纸在真实环境中的使用情况是他工作的一部分。20世纪20年代初期，刷双色漆的车较受欢迎。这就要求两种颜色之间界限分明，因此，刷其中一部分的时候，另一部分要遮起来。人们通常用胶水或者外科医用胶带把报纸贴在车身上。可惜，最后揭下报纸时，经常会扯掉底漆。有一次，德鲁拿着砂纸去一家车厂车间，看到漆工正小心翼翼地给汽车上漆，然后揭开遮挡的报纸，可是车身上刚刷好的一圈漆也连带着揭掉了，车工十分挫败地叹了口气。德鲁告诉他，他可以生产出更好的胶带。而事实上，根据3M公司的历史记录记载，"他许下了这个承诺，可他既无经验也不知技巧，甚至不知道到底需要什么，可他有年轻人的乐观精神。"

德鲁回到3M公司办公室，着手研制新胶带。尽管这跟他在公司的工作并无直接联系，但是3M公司员工之间相互鼓励的作风让他得以继续进行自己的实验。胶带既要好贴，又要好揭。同时还须有效防潮，防止油漆渗入弄脏车身。他从3M公司生产的"WetOrDry"防水砂纸所采用的防水胶开始研究。这种胶用的是植物油，尽管很容易除去，可会弄脏下面的车身底漆。几个月内，德鲁的团队就研发出一种结合了木胶和甘油的胶水。这种遮蔽用的胶带很容易揭掉，不会损伤车身底漆，可是牛皮纸衬背没有弹性，无法延伸，因而不适用于车身弯曲部位。此外，一旦绕成卷，胶布就会缠成一团：拆开后会发现，上一层胶布会跟下一层胶布黏在一起。德鲁改用粗棉布做衬背，解决了这个问题，可是这样一来，生产成本就太高了。

德鲁的遮蔽胶带按卷出售，每卷2英寸宽，可是只有胶布边沿有胶水（一边贴住车身，一边贴住报纸）。有件关于3M公司的逸事：有位汽车漆工抱怨3M公司的胶布只有边沿有胶水，太小气了，于是发问，"为什么用胶这么'思高人（Scotch）'？"（这个观点传递的信息同时从两个文化层面上冒犯了苏格兰人[1]：

---

1 苏格兰人，英语为Scottish people。——编者注

不仅暗指苏格兰人吝啬，还管他们叫思高人）。尽管思高这个词既仇外，又有语法问题，但还是保存了下来，成了3M公司的一大品牌。不过，德鲁对他设计的遮蔽胶带还是不满意。直到有一天，他用皱纹纸做实验，因为纸张是皱缩的，所以有需要时可拉伸，材料自身也不会黏结。1926年，新胶布卖了16.5万美元（相当于如今的220万美元）。之后十年，胶布配方不断改良。到1935年，胶布的年销售额高达115万美元（相当于如今的1960万美元）。

20世纪20年代后期，美国化学公司杜邦公司（Du Pont）推出了用于产品包装的透明玻璃纸。德鲁产生了一个"近乎白日梦的想法"，他想用这种材料做胶水衬背，做出一种新的胶布。在设计出遮蔽胶布4年后，有家专做隔热材料的公司找到他。弗拉克斯赖讷姆公司（Flaxlinum Company）原本主要做房屋隔热材料，但1929年，他们接到订单，需要为火车上的冷藏车做隔热材料，这就需要能够完全防水的密封材料。他们希望思高遮蔽胶带能解决这个问题，可是皱纹纸材料做的衬背不能完全保护隔热材料不受潮。德鲁试了各种衬背材料，都找不到满意的解决方案。

不过，他的遮蔽胶带一直很畅销。在海上运输途中，为了保护胶带，3M的一位工作人员建议用玻璃纸包装胶带。如果玻璃纸能够防止胶布受潮，或许胶带的衬背就可以用玻璃纸做。不过，还是有附带问题，那就是没法做出平整的胶布。

而且，一旦将胶水涂上玻璃纸，琥珀色的胶水透过透明的玻璃看着脏兮兮的。差不多花了一年时间，3M才做出透明胶布。不到十年，3M的胶带部门年营业额就高达1400万美元（相当于如今的2.3亿美元）。尽管这款产品起初为工厂和贸易行业而设计，但后来推出的小卷家用透明胶带也刺激了销售的增长。新款家用胶带是在经济大萧条时期发售的，时机恰到好处。乍一看，这个时期不像发布新品的好时机，但其实这种胶布是修补旧书或其他家用物件的理想产品，迎合了简朴节约的顾客的需求。

但是，这款产品还有一点美中不足。尽管衬里所用材料和胶布上的胶水都有所改良，但用起来还是有点不方便。用了一段胶带后，松掉的胶带截口就立刻贴回胶卷，很难找到了。史蒂文·康纳（Steven Connor）在《随身物品：神奇物品的奇妙生活》（*Paraphernalia: The Curious Lives of Magical Things*）中解释说，为了找到胶带的截口，人们得用指甲"当留声机的唱针，全身心投入地去听，感受那些美妙清晰的刻痕，最终找到那个隐蔽问题的藏身之处"。即使找到了胶带的截口，还是要从胶带卷上扯下一段胶带，再用剪刀剪断。这个问题至今都没能彻底解决，在德鲁那个时代就更棘手。德鲁一边说服顾客，告诉他们这款新产品物有所值；一方面又得对付玻璃纸和不够完美的胶水。

3M公司曾经尝试生产胶带分割器，在人们扯出胶带并剪断时，将胶带卷固定住，可是松掉的胶带截口还是会消失不见，而且剪刀还是必不可少。1932年，约翰·博登（John Borden，玻璃纸胶带部门的销售经理）设计出一款内置刀片的胶带分割器。刀片的形状使得切断后留下的胶带端仍留在刀片上，供下一次使用。后来，让·奥狄斯·赖内克（Jean Otis Reinecke）改良了这款胶带分割器。赖内克是工业设计师，此前在芝加哥的新包豪斯学院（New Bauhaus）任教，此后又为3M公司服务了二十多年，设计胶带分割器。1961年，俯冲曲线形设计、卵石形底座的迪克儿胶带分割器模型C–15（Décor Dispenser Model C–15）发售，至今仍在生产。不过，赖内克最著名的设计是塑料的"蜗牛"造型胶带分割器，仅仅由两片塑料构成。赖内克的胶带分割器相当便宜，里面的胶带用完后，可以连同胶带分割器一起扔掉。

在英国，压敏型胶带市场的主导品牌是赛勒塔普（Sellotape）。1937年，科林·基宁蒙思（Colin Kininmonth）和乔治·格雷（George Gray）在西伦敦阿克顿创立赛勒塔普公司。基宁蒙思与格雷从一家法国公司获取专利，使用天然橡胶树脂制成玻璃纸膜。当时，"玻璃纸（cellophane）"已经被人注册，于是他们就把"c"改成"s"，成立了"赛勒塔普"品牌。战争时期，人们用胶带封装口粮和弹药箱，还研发了宽幅胶带，用来保护窗户，减少轰炸造成的破坏。正如德鲁推出的胶带在经济大萧条期间很有市场一样，这款胶带因用途多样，便于修补家用物品，在战后的英国很快就畅销起来。当初，约翰逊与约翰逊公司宣传自家的左恩娜思医用胶带用途多样时，说胶带有多种日常用法。赛勒塔普也仿效其做法，做了个干净利落的转变，宣称它们的胶带为"现代包扎固定胶带——利落、干净、卫生"。20世纪60年代，赛勒塔普被英国包装联合企业迪金森·罗宾逊集团（Dickinson Robinson Group）收购。1980年，《牛津英语词典》收入赛勒塔普一词：

名词
【物质名词】注册商标
透明胶带。
动词
（赛勒塔普）【接宾语和副词】
用透明胶带固定或粘贴：
我门上赛勒塔普着一张纸条。

尽管赛勒塔普胶带用途广泛，但其年销量约有一半要归功于圣诞节前的那三个月。每年这段时期，公司都能卖出369,000千米左右的胶带，因为人们要在这个重大节日到来之前，为亲朋好友细心包装好礼物。届时，人们撕开礼物，几天后再悄悄拿回商店，换点别的东西。胶带用来给那些没良心的亲朋包圣诞礼物再合适不过了，但用在其他方面就不那么合适了。例如在墙上贴海报——墙面和海报都会被弄坏。用大头针的话，破坏力更大。这时，你就需要那种可以轻易揭除，不留痕迹的东西。

"原创可重复使用胶"，蓝丁胶（Blu-Tick）的包装上如此写道。"干净又安全。不会干涸。有一千种用途。"有一千种用途？我只能想出四种用法：在墙上贴照片；防止装饰品从架上滑落；硬纸板被铅笔尖戳了个洞，用胶来贴层保护层；在办公室做个即兴雕塑。仔细看了一眼包装，我又发现一些别的用途：

  蓝丁胶可用来在墙上贴这些：海报、卡片、画作、装饰品、地图、留言及其他众多物品；

  蓝丁胶可用来在平面上固定这些：摆设、电话、相册里的照片、将螺丝钉粘在螺丝刀上、搭建模型或绘画时固定零部件；

  蓝丁胶：清除织物上粘的绒毛，清理键盘上的落灰。

这个简介让人产生一个疑问，那就是：到底如何定义单项用途？把海报、卡片、画作、装饰品、地图、留言"及其他众多物品"贴在墙上其实只能算一种用途。我仔细看了波士胶（Bostik）的官网，它的宣传文书最终只能列出产品的39种用途。我给波士胶公司去信，请他们列出蓝丁胶的1961种用途。

几天后，我收到回复，对方解释说"有一千种用途"这句宣传语从2005年开始使用，其中包括了一些比较特殊的用途：

> 剑桥大学联系我们，咨询胶的柔软度，因为他们用蓝丁胶固定昆虫足部。
>
> 莱斯特医院的耳科手术教授也曾咨询我们，说他教孩子们在手术后用蓝丁胶当耳塞，因为这样效果最好。我最近还看到过关于在实际耳科手术中用蓝丁胶的报道。因此，仅仅在耳科方面，蓝丁胶的功能就很多样了。
>
> 我们曾与警方合作（对方主动联系我们），呼吁大家用蓝丁胶固定卫星导航，那样不会在挡风玻璃上留下痕迹，小偷看不到导航。
>
> 多次有人咨询我们，除了蓝色之外还有没有别的颜色的蓝丁胶，有人问我们有没有肉色的胶黏材料，因为她想在急救课上用来在假人身上固定东西。

尽管名字叫"蓝丁胶"，波士胶公司偶尔也会推出其他色系的胶黏材料。蓝丁胶最初为白色，后来调成蓝色，因为人们担心儿童会把它当成口香糖误食。从1969年推出以来，这种蓝色的黏合胶已经成了家庭常备用品，波士胶公司在莱斯特的工厂每周生产100吨左右的胶。

蓝丁胶的发明是个意外。在用白垩粉、橡胶和油尝试研制新密封剂时，实验中的一个残次品后来被发现大有用处。究竟是谁做了那次失败的实验，又是谁发现这个副产品有用，这些就连波士胶公司的人也不知道。2010年，蓝丁胶发明40周年，莱斯特水星（Leicester Mercury）网站出现一则故事。"蓝色——之谜？"水星问道，"这是莱斯特最出名的出口产品之一，可谁也不知道到底是谁发明了蓝丁胶。如今，生产蓝丁胶的波士胶公司正准备庆祝这个胶黏品诞生40周年的纪念，有人呼吁策划者站出来。"

维基百科网站将这款产品的发明归功于汉普郡密封剂公司拉利·邦迪特（Rali Bondite）公司的艾伦·霍洛威（Alan Holloway），并表明，由于这个胶黏品没有什么商业价值，因此乐意供所有来办公室的客户随意观看。2007年11月，维基百科添加了艾伦·霍洛威这一词条（不过没有引证）。汉普郡的滑铁卢维尔确实有家公司叫拉利·邦迪特，可公司1995年就停业了，因此员工记录无处可寻。创建这一词条的维基百科用户Coltrane67此前从未创建过词条，此后也没有再创建任何词条。Coltrane67是不是艾伦·霍洛威本人呢（或是近亲）？我们无从得知。如果你是Coltrane67，或者是艾伦·霍洛威，请务必与我联系。

虽然蓝丁胶是英国最出名的胶水，但在世界各地的其他公司，还有很多类似产品。1994年，波士胶把赛勒塔普告上法庭，称赛勒塔普的蓝色塞勒胶（Sellotak）侵犯了他们的知识产权。尽管塞勒胶包装用的是赛勒塔普的黄色带状图案，可波士胶认为，一旦除去包装，里面的蓝色胶体很容易与蓝丁胶混淆。波士胶的论点不成立，法院判定，不可忽略外包装而仅仅看塞勒胶胶体的颜色，在销售时，这两种胶水不会混淆。可是，虽然赛勒塔普赢了官司，但塞勒胶销售惨淡。在美国，埃尔默公司（俄亥俄一家胶水制造公司）生产出一款赤褐色胶水，叫埃尔默胶（Elmer's Tack）。UHU公司生产的帕塔菲克斯胶（Patafix）畅销欧洲。在英国，帕塔菲克斯胶改名为白胶（White Tack），UHU在胶水包装上称胶水有"千种用途"。

我联系了UHU公司，请他们列出胶水用途，其公司代表回复如下：

> 我在谷歌输入"千种用途"，实际上搜到了18万个关于有千种用途的商品/服务的网站。我觉得这就是个通用的英文表达，形容产品的用途十分广泛。我们的UHU白胶/UHU帕塔菲克斯胶也是如此。

显然，这家公司忽略了一个事实：已经有一个词可以用来形容产品用途广泛了——"Versatile（用途广泛）"。

除贴海报外，胶水确实还有个用途，那就是用作艺术材料。2007年，温布尔登的艺术家利兹·汤普森（Liz Thompson）

用4000包蓝丁胶做了一个蜘蛛雕塑。这个200公斤重的雕塑被伦敦动物园列为展览品。马汀·克里德（Martin Creed）于1993创作的《第79号作品》稍稍逊色于汤普森的作品，但更容易自己在家做出来。艺术家网站对它的描述是"用蓝丁胶揉捏，卷成球，然后在墙上按压。直径约1英寸（2.5厘米）。"《弗雷兹》（Frieze）杂志报道称，"这个蓝色的黏糊糊的东西在暗示墙面可以支撑物品，它本身就是由墙面支撑的。"《太阳报》对它印象不怎么样，2001年克里德获得透纳奖[1]，《太阳报》称"透纳奖评委做了个差劲的决定"。

　　《太阳报》甚至质疑蓝丁胶的正常用途。2012年，珀斯-金罗斯一家学校被私人物业公司告知"出于健康和安全的考虑，不能用蓝丁胶将儿童作品贴在窗户上展示"，因为"蓝丁胶中含有一种化学物质，会跟玻璃中的化学物质结合，导致玻璃碎裂"；针对此事，英国的健康与安全管理局在其官网的"流言终结者"板块发布了声明。健康与安全管理局声明总结道："无论是因为什么禁用蓝丁胶，都不可能是由于健康安全问题。厂家官网说得很清楚，产品可以用在玻璃表面。我们找不到任何理由拒绝展示孩子们富有创造力的作品，供所有人欣赏！"尽管有健康与安全管理局的声明，《太阳报》还是报道说有位教师"被妖精和安全白痴禁止在教室窗户上使用蓝

---

[1] 透纳奖：Turner art prize，英国当代视觉艺术大奖，由英国泰特美术馆创立，是西方世界争议最大的当代艺术奖项之一。

丁胶——防止它们爆炸！"

我写信给米歇尔——波士胶公司负责蓝丁胶的产品经理，想请他们给我寄一份产品包装上说所的"千种用途"清单。数月后，她给我发了一封电子邮件，信中写道：

> 情况是这样的——蓝丁胶的魅力在于创造乐趣、挖掘创意、激发想象——这就是我们所谓的"品牌"。要是我们为人们列出1000种使用建议，会毁掉产品的那点魔力。

我从来没考虑过蓝丁胶的"魔力"。米歇尔给我寄来的清单列了蓝丁胶的250种用途（在波士胶南非分公司和澳洲分公司的同事的帮助下完成）。我没有看。我想保存那份魔力。她还免费给我寄了一盒蓝丁胶，我把它放进书桌抽屉里妥善保管。我永远不会打开它。这是我与米歇尔通信的特别纪念品。这倒是蓝丁胶从未出现在任何清单里的一种用法。

第十一章
冰箱门上的超文本：便利贴

1997年，莉莎·库卓（Lisa Kudrow）和米拉·索维诺（Mira Sorvino）主演了一部电影，《罗米与米歇尔的高中同学会》（Romy and Michelle's High School Reunion）。剧中，罗米和米歇尔一起去参加高中同学聚会。回到家乡后，她们发现自己的生活好像并非如自己想象得那么风光，于是，二人决定伪装成事业有成的商人。罗米建议宣称她俩自己开公司，卖她们自己发明的产品：

> 我觉得必须是那种，就是，那种人人都听说过，但是谁也不知道到底是谁发明的东西。天哪，我想到了——便利贴！谁都知道便利贴是什么！

"对！"米歇尔回答说，"就是那种黄黄的小东西，背面有斯蒂卡姆胶（Stickum）的，对吧？"

可惜，她们没能让同学相信便利贴是她们发明的。不过，她们实实在在地认识到，她们还拥有这些老朋友。比起担心别人如何看待自己来，友情更加重要。最终结局很圆满，因为艾伦·卡明（Alan Cumming）发明了某种橡胶。诸如此类的，管他呢。

如果发明便利贴的不是罗米和米歇尔这两位虚构人物，那是谁呢？

1966年，史宾斯·西尔弗（Spence Silver）以资深化学研究员的身份进入3M公司研究实验室工作。在那之前，西尔弗在亚利桑那州立大学学习化学，然后在科罗拉多大学取得有机化学博士学位。他加入的团队之前一直在研制压敏型胶水。胶水既要能紧密黏合在物体表面，也要能够轻易地揭除这样的胶水才有用。因为迪克·德鲁（Dick Drew）已经发现，成卷的胶带会黏结在一起，没什么用处。在3M公司1968年"胶用聚合物"研发项目的某项实验中，西尔弗改变了他正在研制的胶水配方，后来他是这样对《金融时报》解释的：

> 我加入了比规定量更多的化学反应物，导致分子聚合。结果十分出人意料。产生的微粒没有溶解，反而在溶剂中分散开来。这个现象实在新奇，我开始进一步研究。

微粒形成微小的球体（由于其形状特征），只能黏住物体表面的一小部分。也就成了黏合度较低的胶；对于一个意在生产出强力胶水的公司，这种胶没什么用。此外，这种新胶水还是"不受控的"，也就是说，用这种胶水黏合两个表面，揭开后，胶水有时残留在这个表面，有时残留在那个表面。无法预料。西尔弗对这种新材料着了迷，坚信它必然有用武之地，只是暂时还不知道到底能用在哪。

3M公司成立于1902年。成立之初，该公司名为明尼苏达矿业及制造公司，起因是矿产勘探员艾德·刘易斯（Ed Lewis）在明尼苏达州的德卢斯发现了一种矿物，他认为是刚玉积淀物。刚玉是一种氧化铝，随着韧性金属用于研磨料生产，刚玉也变得更有价值。当地的五名商人（亨利·布莱恩、J. 丹利·巴德博士、赫尔曼·凯布尔、威廉·麦戈纳格尔以及约翰·德万）成立了这家公司，希望从刘易斯的发现中获利。

可惜，这个计划有两个重大漏洞。他们还在商量着如何将刚玉做成砂轮和砂纸的时候，一个名叫爱德华·艾奇逊（Edward Acheson）的人已经研发出了一种可以代替刚玉的人工制品：金刚砂。如此一来，矿物大幅度贬值。第二个漏洞是，他们后来才发现，刘易斯一直以来的判断都是错的。他发现的根本不是刚玉，只是一种低级的斜长岩——跟刚玉外表相似，但质地不够坚硬，不能用作研磨料。

他们五人没有意识到自己投资在德卢斯矿产上的钱实际上打了水漂，着手建造大型制造厂，用开采来的矿物制造砂纸。开采刚玉遇到困难后，他们开始改用石榴石。由于国内没有可靠的石榴石供应商，公司只能从西班牙进口次等货色。1914年，3M公司开始接到顾客的投诉，说砂纸才用几分钟，上面的研磨材料就剥落了。谁也不知道问题出在哪，直到检测过石榴石后，才发现其中含有某种油，导致生产出来的砂纸完全不能使用。调查结果显示，最近一次用轮船从西班牙运来砂纸的时候，船上还载有一桶一桶的橄榄油。海面波澜起伏，运输难度大，在这个过程中有几个油桶破损，渗漏进了石榴石中。有过这次经验之后，3M公司认识到，他们需要想出办法来保证原料质量。因此，1916年，公司建立了第一个研究实验室，投入越来越多的精力去研发新型研磨料，提升产品质量。

1921年，墨水生产商弗兰西斯·奥基（Francis Okie）致信3M公司，想要3M公司所用砂纸细砂的样本，因为他在研发新产品。3M公司不愿意给潜在竞争对手寄样本，但又被他的信所吸引，便邀他过去面谈。奥基解释说，他想到了生产防水砂纸的新方法。3M公司没有把细砂卖给他，反而买下了他的发明，并聘请他加入3M公司，在公司的新实验室里继续研究这款产品。后来，奥基的WetOrDry砂纸成了该公司第一个成功的产品，无意中就帮公司开拓了胶水业务。

驱车前往亚利桑那州赴高中同学聚会的途中，罗米和米歇尔开始编造她们发明便利贴的过程。罗米设定两人原是广告专员，专为客户准备报告。就在她们专心做事的时候，发现回形针用完了。"好"，罗米对米歇尔说，"我说，要是有种东西，就像，那种，就像斯蒂卡姆胶黏在纸后面，那样，然后就——比如，我把它放在另一张纸上，它就会固定在那，那样，不用回形针也不会掉，那样不是很棒吗？"罗米在添加细节的时候，米歇尔似乎十分激动，"然后你有个祖父或是叔叔什么的有那种，比如说，纸张公司或是造纸厂，然后他对这个想法很感兴趣,接下去就不用多说了。"在罗米的想象中,便利贴的发明过程十分简单:发现问题(罗米和米歇尔的回形针用完了),接着找到了解决方案(她们在纸头背面黏点胶水)。事实上,便利贴的发明跟这个简单的剧情恰好相反。史宾斯·西尔弗后来写道,"我的发明是个等待问题的解决方案。"

在此意外发明之后,西尔弗花了几年时间,试验了各种不同配方,尝试了不同的想法,企图为这个特别的发明找到用武之地。他把这个拿去给同事看,甚至举行研讨会解说其特性。起初,他以为这种胶能够以喷雾胶的形式出售——喷在短期展示的纸张或海报背面。换个思路,他想,是否有可能做个大公告栏,上面覆一层这种胶,可以在上面贴短期有效的便条或通知。可是,这种胶的"不可控性"意味着它的用处有限——把海报贴上墙,揭除的时候会在墙上留下一块黏糊糊的痕迹。

3M公司有位员工曾参加过史宾斯·西尔弗为其胶黏品举办的研讨会,他叫阿特·弗赖伊(Art Fry)。弗赖伊在公司的胶带部门工作,他的工作职责之一就是设计新产品。工作之余,弗赖伊还是当地唱诗班的热心成员。听过西尔弗研讨会几天之后的一个晚上,他发现自己在练赞美诗的时候十分有挫败感。他用来标记赞美诗集页数的纸条总是掉落。要是有那种弱性胶水能让他把书签固定在那里就好了。他又去找史宾斯,拿了点胶黏品样本,贴了一小条在纸条后面当书签用。果然有效，但会在书页上留下黏糊糊的东西。最终，弗赖伊研发了一种化学底层涂料，在往纸上涂胶之前先涂上这种涂料，防止揭除书签时把胶水留在书页上。他把这种书签拿给同事看，可他们没什么兴趣。有一天，弗赖伊在办公室准备报告。他想给上司写个便条，便拿了一张书签，匆匆写下几个词，贴在了报告封面上。他的上司又拿了一张弗赖伊的书签，贴在一个需要修改的段落旁边，并写了自己的建议。见此情况，弗赖伊突然"找到了！灵光乍现！"便利贴由此诞生。

3M公司巧妙地渡过了一系列难关（以为发现的是刚玉结果不是，爱德华·艾奇逊发明了人工研磨料，浸了油的石榴石）才得以幸存，首次获得成功是因为黏合剂生产，而不是因为矿产，考虑到这些，3M公司有如此深厚的创新文化也就不足为奇了。正因如此，本该研究砂纸的理查德·德鲁才得以研发自己的胶带；也正因此，西尔弗才可以花那么多时间在自己那无用的胶水上。3M公司的"15%原则"[1]意味着员工可以在完成基本任务之余，花费一定时间研究自己的项目。3M公司相信，这种创新自由会让员工有新发现，要是整天逼着他们赶任务，追指标，他们肯定不会有什么新发现；这种自由还会鼓励不同部门之间特长各异的同事相互合作。"在3M，我们就是一堆创意。我们绝不抛弃任何想法，因为你永远也不

---

[1] 15%原则：允许每位技术人员在工作时间内有15%的自由时间，从事个人感兴趣的研究。

知道什么时候会有人需要它。"弗赖伊后来发现到这一点。在便利贴这个案例中,最终得到了一个有用的产品,可是,尽管弗赖伊已经为西尔弗的胶水找到了用武之地,这款产品在公司内部还是得不到支持。

弗赖伊相信自己的想法可行,便在地下室着手制造生产便利贴的机器。他做出了一个能够工作的样机,可惜,机器太大,门太小,机器出不去。弗赖伊拆了门,又拆了门框,接着又拆了一部分墙,总算把机器弄出屋子,运到了3M公司的实验室。现在,他可以做出新产品的样品了,这是成功的关键。没有样品,便利贴永远不可能成功。

可问题是,很难说服别人相信这款产品有用。若没有亲眼见过或亲自用过便利贴,这个想法就毫无意义。一张小纸片,一条边贴着一条弱胶,听上去没什么用处。可一旦你开始用它,一切就都变了。幸运的是,弗赖伊的老板杰夫·尼克尔森(Geoff Nicholson)相信便利贴会成功,并鼓励他继续努力。尼克尔森开始给3M公司各部门的人分发样品。在3M公司,分发样品是很常见的事,人们也会心怀感激地接受(人人都喜欢免费的东西)。可这一次,大家的反应不一样——尼克尔森的秘书都快被请求更多样品的要求淹没了。尽管如此,3M公司的营销总监还是不相信便利贴的商业价值。人们有纸片可用,真的会花钱买这种产品吗?越来越多的人申请领取更多的样品,尼克尔森的秘书发飙了。"你想要我做你的秘书还是分发员？"她问他。尼克尔森让她把申请转给营销总监。很快，营销总监也招架不住了，只好承认产品的潜力。

可惜，1977年，产品试发行期间，顾客就跟当初的3M公司市场部一样，心存疑虑。随手贴（Press'n Peel Note，当时的名字）在四个城市发行，全军覆没。尼克尔森去了其中一个试销市场，寻找问题所在。还是一样，人们好像要试用过样品之后才会买。1978年，在总裁卢·莱尔（Lew Lehr）的支持下，3M一支团队到达爱达荷州博伊西的小镇，展开了公司内部称之为"博伊西闪电"的活动，分发出去无数样品。90%试用者都表示愿意买这个改名为便利贴（Post-it Note）的产品。这让3M公司对产品更有信心了，最终于1980年在全国范围内展开宣传活动。

便利贴的发行举棋不定，给2010年《幸运百万美金》节目的制片人造成了困扰。他们问参赛者加布·奥克耶（Gabe Okoye）和布丽特妮·梅特（Brittany Mayt）以下产品哪个最早出现——索尼随身听、麦金塔电脑[1]以及便利贴。奥克耶和梅特选择了便利贴，但被告知回答错误（随身听上市于1979年）。网上嘘声一片，节目制片人把这两位参赛者请回节目，可他们还没来得及重回舞台，这个系列的节目已经停了。

便利贴全国发售后，也就是距西尔弗发明胶水12年后，

---

[1] 麦金塔电脑：Macintosh，简称Mac，香港俗称Mac机或苹果机，中国大陆亦称作苹果机或麦金托什机，是苹果公司一系列的个人电脑。

便利贴大获成功，弗赖伊和西尔弗后来也被选入3M公司的名人纪念堂。如今，便利贴系列产品有16种样式（包括页面标志、公告牌、绘画板），许多色系。罗米在向米歇尔描述她们俩发明便利贴的过程时，米歇尔有点生气。好像功劳全被罗米占了。"好吧，那么，我们可以说是你，好比，你是设计师。也就是，我想出了主意，但是你想把它们做成黄色，"罗米妥协道。事实上，便利贴最初做成黄色并不是刻意设计出来的。就跟便利贴本身一样，那也是个意外发明。"实验室里刚好有些黄色纸片，"尼科尔森后来对《卫报》如此解释道。

尽管其他公司很快推出了自己设计的类似产品（我最喜欢的是SUCK UK出品的开关便利贴——顶部中间有个小洞，可以套在电灯开关上），便利贴始终十分经典。在《欲望都市》中，凯莉·布拉德肖约米兰达、夏洛蒂和萨曼莎见面，告诉她们她男朋友跟她分手了，她没有说"伯格用一张可粘贴的便条跟我说了分手"，她说的是用"便利贴"跟她分了手。要是罗米和米歇尔说她们发明的是"可粘贴便条"估计不会给人留下什么印象，必须得是"便利贴"。就像百特胶棒、塞勒塔普一样，便利贴不仅仅是一个通称，还是这类产品的术语。

便利贴吸引人的地方很简单。它能帮人记事情。既可贴在财务报告上，也能贴在柜门上，在办公室、在家都一样好用。一个可见的提示，提醒我们买牛奶或是寄邮件。丹尼尔·L.夏科特（Daniel L. Schacter）在《记忆的七宗罪：头脑如何遗忘与记忆》一书中引用了全美记忆冠军蒂塔亚娜·库利（Tatiana Cooley）的话，她说自己生活中其实相当健忘，"我靠便利贴记事情。"她承认。

便利贴用法灵活，可以反复揭开贴到别的地方，因此作家常常在构思故事情节时用它。2007年，威尔·塞尔夫（Will Self）在为《卫报》描述自己写作过程时说，他的书"在笔记本中诞生，然后挪到便利贴上，便利贴再挪到房间的墙面上"。写完后，塞尔夫会把那些便利贴从墙上再揭下来，收在剪贴簿里（"我无法扔掉任何东西"）。细想过便利贴的灵活性，以及它可以让信息关联到一起的特征，纽约现代美术馆建筑与设计展厅的负责人帕奥拉·安东内利（Paola Antonelli）在2004年"不起眼的杰作"展览中，称便利贴是"冰箱门上的超文本"。

经过一番拼搏，人们终于了解到便利贴的用处后，可粘贴便条成了随处可见的东西，甚至是在我们的电脑桌面上。微软Excel的"加注"功能是个黄色的小方块，而别的应用软件将之与可粘贴便条的联系表现得更加明显——不仅有3M公司自家的数字便利贴，还有苹果的便利贴（Stickies）以及微软的可粘贴便条（Sticky Note）。不过最常见的可粘贴便条还是最简单的那种——贴在显示器边缘的便利贴。

不过，仅仅强调便利贴的功能性好像有失偏颇。有时候，便利贴也可以成为艺术。2001年，加利福尼亚艺术家瑞贝卡·默托（Rebecca Murtaugh）用几千张便利贴贴满卧室的每面墙，作为其在1号房间标记有意义的空间的装置之一。便利贴按照颜色分级；最原始的淡黄色便利贴用于价值较低的区域，例如墙面和天花板；比较明亮的霓虹色用在她最喜欢的领地。在为《纽约时报》评价装置时，默托说她被便利贴"迷惑"了：

> 它们颜色各不相同。它们很好看。它们都有自己的用处，只是不同的人用法不同：有时是个便条，"我很快回来"，或者是一串电话号码。而对所有这些重要的事情而言，便条本身永远只是短暂的一瞬。尽管它承载着重要信息。因此这里存在着二重性：它是可以抛弃的，但它也是很有价值的。我想标记出一块空间，不是在书里贴张便利贴，而是贴满整间屋子。

默托在后期创作中仍然使用着便利贴，不过不再使用便利贴原本的用处。"我不想浪费它们。"她说。

第十二章
你会跳槽,但你的订书机不会

几乎没有小说能像尼克尔森·贝克（Nicholson Baker）的《夹层楼》（*The Mezzanine*）那样，细致入微地描述现代办公室陈设。在一个优美的章节中，没有交代姓名的主角在按下"订书机压柄的头部"，装订一沓厚厚的文件时，描绘了他即将进行的三个步骤。第一步，压下订书机，感受到"弹簧的阻力撑着订书机压柄"，接着是第二步，订书机的出针头口"压凹纸面，开始推压订书针，刺透纸面"，然后是最后一步：

> 订书针的两个尖端穿透到纸的背面，被订书机底座上的两个凹槽压弯，向内折合，就像螃蟹那样拥抱着你的文件，最终完全脱离订书机。期间有咯吱咯吱的感觉，就像嚼冰块一样。

接着，这位主角描述了一个很多人都很熟悉的悲惨剧情。你"定住胳膊肘，屏住呼吸"，发现订书机里没有订书针。"怎么会有这样的东西，如此始终如一、一次又一次地背叛你？"乍看上去，订书针不是什么浪漫的物什，但贝克描述的这种被空订书机"背叛"的感觉说明：人们对这种东西有情感寄托。

它们很结实。这必定是部分原因。金属制的压柄和弹簧；比一旁的水笔和铅笔的构造复杂得多。搞不太清楚的机械原理；它们值得尊重。它们不是用完就丢掉换新的，而是重新装配好再继续用，因此比书桌上其他任何物件都长寿得多（肯定有些公司换电脑比换订书机勤快）。实际上，它们不仅比办公室的其他文具长寿，甚至可能比办公室的多数员工留得久。你会跳槽，但你的订书机不会跟着你跳槽。它回到文具柜里，等待新主人，准备建立一段新的关系。不过，有些时候，这种感情太过强烈，人们并不想因为终止合同而改变一些事情。2011年，蓝格赛（Rexel）公司调查发现，"最近，经济不景气，很多被裁员工都把订书机带回家了，因为他们认为那是他们的私人财产。"

不过，论到对自己订书机的保护欲，估计谁也比不上1999年的喜剧片《上班一条虫》（*Office Space*）中的米尔顿。他在银尼科技（Initech）公司上班，老板要把办公室的斯温莱因订书机全都换成波士顿订书机，米尔顿（史蒂芬·鲁特饰）死死抱住他的红色斯温莱因订书机：

> 我要留着我的斯温莱因订书机，它还没怎么用过。我还要留着斯温莱因订书机用的那种订书针。他们要是拿走我的订书机，我就把这栋楼烧了。

事实上，这部电影拍摄的时候，斯温莱因并没有生产米尔顿拼命守护的那种亮红色订书机。斯温莱因现在是艾酷集团（ACCO）旗下的子公司，最初由杰克·林斯基（Jack Linsky）

成立，他幼时从俄罗斯搬到纽约。14岁的时候，林斯基开始在一家文具用品公司工作。他接了一个批发订单，出差去德国查看订书机工厂。在他看来，当时市面上的订书机还可以设计得更好，采用流水生产作业。可他无法说服任何德国生产商，便开了自己的公司——派诺特快速扣件公司（Parrot Speed Fastener Company）。公司推出了一种"上装式装订机器"，"易操作，效率高"。机器设计合理，用户可以先掀开订书机顶部，装入新的订书针，或者拿出变形或损坏的订书针。林斯基的妻子，贝尔（Belle）建议将这款新型订书机命名为"斯温莱因"。1956年，这款订书机实在是太成功了，公司便因此改名为斯温莱因。

一直以来，斯温莱因除了生产普通的黑色和灰色订书机外，也生产过红色订书机（例如Tot50和Cub），但是，当《上班一条虫》的制作设计师爱德华·T. 麦卡沃伊（Edward T. McAvoy）想找一个红色斯温莱因订书机时，它已停产多年。总监麦克·贾奇（Mike Judge）想用亮红色的斯温莱因订书机，与大荧幕上格子间生活的单调灰色形成鲜明对比，可是这样的订书机已经不复存在。麦卡沃伊只好临阵磨枪。他打电话给斯温莱因，询问能否在他们的订书机上喷漆。他很幸运，斯温莱因公司同意了，皆大欢喜（尤其是对斯温莱因自身而言）。麦卡沃伊带了几个订书机去找一个汽修工，把它们全喷成了樱桃红。

电影刚上映时,并未引起轰动,但后来受到热捧。粉丝都去找演员史蒂芬·鲁特在他们的订书机上签名,还着手打造自己的喷色订书机。有些还联系斯温莱因,咨询能否买到他们在电影里看到的那种红色订书机。

最终,斯温莱因于2002年推出了鲜亮的樱桃红"747里奥(747 Rio)"。"我们已经做了不下于75年的生意,这一次无疑是我们见过的最大的直接利益,"新品发布不久后,斯温莱因董事长布鲁斯·尼阿珀尔(Bruce Neapole)这样对《华尔街日报》说。过去数十年,斯温莱因一直生产规规矩矩的黑色和白金色订书机,以求保住大公司的大宗订单,而在747里奥大获成功之后,斯温莱因突然发现了新市场,也就是他们所说的"有表现欲的顾客"。如今,斯温莱因官网邀请那些有表现欲的顾客把他们在特殊场合与订书机的合照寄给斯温莱因。网页上写着"展示你的爱意",旁边展示着图片:红色订书机在树上、滑板车上、温泉边(最后这个订书机在"喝着鸡尾酒",意思是,我找到了一个出乎意料的嫉妒订书机的时刻)。

斯温莱因1939年推出的上装式装订机器是现代订书机进化史中关键的一步,"让办公人员可以轻轻松松地按下一排订书针"。不过,现在我们习以为常的上装式订书机是在订书针有所改变之后才造出来的,尤其是涂胶式或"冻结式"的订书针。也正因这种订书针,尼科尔森·贝克笔下的主人公在被空订书机"背叛"后,得到了一丝丝安慰:

打开订书机压柄,放进去一长排订书针。之后,打电话时,可以把玩那些放不进订书机的订书针,把它们掰成一小块一小块的,让它们在胶绳上荡来荡去。

不过,早期订书机并不用这样的订书针。实际上,它们每次只能装一根订书针,每次用都要装新针。1868年,阿尔伯特·J. 克莱兹克(Albert J.Kletzker)获得专利的那款机器被认为是最早的订书机之一,他在专利申请中,将其描述为"回形针";不过它跟我们现在夹纸用的那种两端圆润的宝石牌回形针完全不同。它是个造型可怖的野兽。金属扣件向下按压在两个向上突起、如狼牙一般的尖端中间。纸张放在尖端上,用手柄将纸向下压,尖端就化身订书机,刺透纸张。松开手柄,"用手将扣件两端向内折合,然后再将扣件的两个尖端压进纸中,压紧,装订完成"。这种装订办法所用的设备其实等于把现代订书机翻过来;将纸张向下压,而不是把订书机压柄向下压。实际上,在整个装订过程中,订书针或扣件本身完全是被动的。纸张向下压时被尖端戳出两个洞,订书针的针腿需要人工折弯。最早能够同时把订书针压进纸张并压弯顶端的订书机是亨利·R. 海尔(Henry R. Heyl)在1877年申请专利的那一款。他设计的订书机工作原理没什么变化,只不过订书针穿透纸张后,针腿会向内折弯。

尽管海尔的设计令人印象深刻，但首款销售成功的订书机是乔治·W. 麦吉尔（George W. McGill）1879年申请专利的那一款（显然，他的订书机比他那些五花八门的回形针更成功）。与早期设计不同，麦吉尔的机器将订书针向下压穿纸张，而不是把纸张往订书针上压。这样一来就可以"迅速连贯"地操作，无须二次按压。因此，这款机器成了有名的"专利属于麦吉尔的一压即可"。一压即可（Single Stroke Press）比早期的订书机更好用，但是，每次使用依然需要重装订书针。1877年，丹尼尔·索玛斯（Daniel Somers）设计了一种有"装针匣"的订书机，可以装一匣订书针。尽管这个设计明显优于麦吉尔的一压即可订书机，但是卖得没它好。索玛斯就像是Betamax，而麦吉尔则是VHS[1]。

不管核心部件是木制的还是金属制的，早期这些带有装针匣的订书机用的订书针都很松散，装的时候容易卡住。渐渐地，它们就被成排装的订书针取代了——通常是用薄薄的金属片贴合着订书针脊部；按下压柄时，刀刃会把金属薄片切开，分出一根订书针。这很费力气，因此金属薄片很快就被胶水取代了。1924年，这种用胶水粘在一起的订书针首先用于波思迪奇（Bostich）1号订书机，从此以后基本没有变过。每根订书针都被削细了一点，因此排成一排时，会形成一个

1　Betamax是第一款独立的盒式视频录像机，很少有其他设备能够超越其影响力。但它在与更便宜的JVC VHS设备竞争中失利，最终被淘汰出市场。

个小小的山脊——浅浅的沟部会用胶水填满，将这些订书针黏在一起。

在往早期的订书机里装新订书针时，一定要确保订书针与订书机相匹配，这一点很重要。现代的订书机使用的都是标准订书针，而在此前很长一段时间内，并没有真正的标准，不同的厂家生产不同的订书机，使用不同尺寸的订书针。这给零售商（他们要准备各种尺寸的订书针）和顾客（他们得想方设法找到自己需要的订书针）都造成了困扰。因此，渐渐地就出现了标准。1956年，蓝格赛公司推出蓝格赛56系列价格不一的各式装订机器，不过全部采用统一订书针。这套产品简单好用，迅速走俏。该品牌至今仍是市场的领军品牌。

订书针的尺寸由两个数字决定——线规（通常是26或24）和订书针的"柄"或腿（通常是6毫米）。办公室最常用的是26/6（也叫作56号，因为这是蓝格赛56系列所用的订书针）。虽然有了标准尺寸，但是订书针的质量良莠不齐，因此订书机上会印有警示（"本机只适用'Brinco'正品订书针，用其他订书针可能会卡住"或是"仅在使用蓝格赛46号小订书针的前提下保证质量"）。这是个鱼和熊掌能否兼得的游戏，产家试图吓唬顾客，不让他们用竞争对手的订书针，同时又想把自己的订书针卖给使用竞争对手订书机的客户。订书针盒子上会标明适用的订书机："适用于维洛斯精灵订书机（Velos Sprite Stapler）/维洛斯速钳（Jiffy Plier）/小彼特（Liitle Peter），快速斯温莱因（Speedy Swingline Tot）/塔特姆小兄弟（Tatem Buddy Junior）"。

在波思迪奇胶黏订书针出现之前，早期机器使用的订书针比我们现在用的订书针粗一些。把它们拔出来跟把它们戳进去一样难。可是，直到纤细的订书针普及之后，才有了移除订书针的方法。原因之一可能是早期订书针太粗，要用钳子才能拔得掉，那时候钳子已经发明出来了。而纤细的订书针看起来好像用手就能拔出来了；把指甲塞进一端。可是，亲自试过才发现，那样很疼，不怎么行得通。

1932年，芝加哥的威廉·G.潘科宁（William G. Pankonin）为他发明的"移除订书针的工具"申请专利，人们这才能"不用撕毁纸张就能快速移除订书针或类似扣件"。这个设计类似于一把小钳子；钳嘴尖穿过订书针，把起钉器往上抬，订书针的针腿就会从文件底部"跨越纸张"，拔出来的时候变成直的。后来的设计，例如弗兰克·R.柯蒂斯（Frank R.Curtiss）1944年申请专利的设计，都接近于我们如今熟悉的起钉器，两个握柄，狼牙般的钳嘴。有了原始的起钉器这个概念之后，数十年内都没什么变化。

我桌面上陈列着我收集的一些订书机，大致按时间先后排列着，过去一个世纪里，每十年一种。看着它们，你看到的是一个世纪的设计的缩影。东西变得越来越扁，越来越窄，越来越亮，越来越弯。如果收集的是起钉器，你什么也学不到。订书机好像紧跟潮流，而起钉器则无须担心这一点。订书机通常放在书桌上，因为经常使用，所以你希望他们放在伸手可及的地方。它们是放在眼前的，需要看起来美观。起钉器则比较小，也不太常用，一般放在书桌抽屉或是文具柜子里。偶尔会有心思奇巧的生产商可能想强调起钉器的狼牙，将起钉器做成鳄鱼或蛇头的时尚造型，但这些东西在气氛严肃的办公室无处容身。

有个办法能让人抛弃起钉器，那就是不要用订书针把文件钉起来，用大头针。订书针的针脚通常往里弯，这是固定文件最妥帖的办法。翻过砧面（订书机底部往往有一个小小的钮状物）可以让订书针的针腿向外弯，那样几乎就成了一个笔直的大头钉，用手就能轻松地移除。可对有些人来说，两个选择（针腿向内弯或向外弯）是不够的。除了起钉器之外，威廉·潘科宁还发明了订书机砧座，为用户提供多种选择。1934年，他发明了"供装订设备使用的砧座"，适用于标准的双向砧座，由两个独立的定位轴或"针座"组成，每个槽中卡入一根针腿。定位轴可旋转，形成不同的角度。可以一根朝内，一根朝外，掰出"钩形订书针"；也可以一根朝前，一根朝后，掰出"Z形订书针"。用户有选择余地，要么订书针针腿相对（就像传统订书机用的那种），要么针腿向外弯（结果就是像他所说的那种"瘦长型订书针，易于拆除"，使得20世纪30年代那个订书机专利申请听起来像是电影《活下去》里面的台词）。尽管这款设计令人印象深刻，但是好像也逃不过它完全没意义这个现实。

标准的26/6或者24/6案头订书机已经能满足基本的办公需要，但有时候，你还是希望有一个内核更加坚固的订书机。你需要更强大的力量。早期的电力订书机，例如波思迪奇电磁扣件机型4（1937年申请的专利）仅仅是一个连在马达上的铁臂，能够压在"标准的案头订书机上"，通过脚蹬子控制。1956年，标准的波思迪奇案头订书机还在，但是只要将纸张放在"敏感的接触式开关"下触动开关就可以自动装订。现代的办公用或家用电动订书机最多能够一次性装订70张纸，其特别设计的储针盒里可以放下五千多根订书针。

介于电力订书机和标准手动订书机之间的是"减力型"订书机，例如订纸专家PaperPro Prodigy。借助弹簧，订纸专家用起来比标准的订书机省力得多（公司声称订纸专家装订20张纸只需要7磅的力道，而标准订书机需要30磅）。2005年，出产订纸专家的艾森楚厄（Accentra）公司总裁托德·摩西（Todd Moses）对《时代》杂志说，"你用一根手指头就能钉好20张。""你甚至可以用小指头。"这句话听起来很牛，但不是所有人都相信。斯温莱因的副总裁杰夫·阿柯伯格（Jeff Ackerberg）对《时代》杂志说，"让订书机好用是正常需求，但是没必要非用小指头。"

没必要非用小指头，其实，有用订书机的需要吗？现在有一种避免浪费的环保型无针订书机，只需"打穿并折叠纸张，不需要金属订书针"（文件被切开一个小口子，并折到纸张底部），不过，这个概念实际上一百多年前就出现了。威斯康辛州拉克罗斯的乔治·P. 邦普（George P. Bump）曾于1910年为其设计申请专利，他设计的东西可以通过"压穿层叠的纸张，形成一个纸舌，然后将其折回，穿过纸面的孔打结，从而用纸张自身的纸舌装订纸张"。如今，这个想法是为了拯救地球，而当时是为了省几文钱（"'实用'对阵'戒律'。政府提倡节俭。政府也买'邦普'订书机"。为什么？不论从实用角度来看，还是从戒律角度来看，'邦普'订书机都是节俭的同义词"）。我们很幸运，不再活在需要担心经济或政府工作效率的时代。

第十三章

知识储藏室：文件分类系统

"我绝不接受逼迫、归档、标印、索引、概括、介绍或者编号。我的生活由我做主。"

这是电视史上最伟大的辞呈之一。电视剧《囚徒》(The Prisoner)的第一集中,帕特里克·麦高汉(Patrick McGoohan)走过一段长长的地下走廊,冲进老板办公室,把辞呈摔在桌上,重重地捶了一下桌面,砸翻一杯茶(捶得太重,茶托都碎了)。电闪雷鸣的音效只不过增强了场面的戏剧性。麦高汉开着他那黄色的莲花赛威(Lotus Seven)跑车离开时,他的照片被打上一连串的×号,一个自动归档系统把他的登记卡扔进满是文件柜的大房间中一个标着"辞职"的抽屉中。尽管这个设备令人印象深刻,一排排灰色金属文件柜一眼望不到头,但与特里·吉列姆(Terry Gilliam)《巴西》(*Brazil*)里的"知识储藏室"比起来还是小巫见大巫了。储藏室满是"巨型文件柜摩天大楼",储存着"所有的知识、智慧、学问,每一个经验和思想都分门别类,放得井井有条"。

现实世界中,与知识储藏室规模最接近的是萨缪尔·耶茨(Samuel Yates)的《无题:名爵小步舞曲)》(*Untitled-Minuet in MG*)。这样耶茨1999年创作的雕塑由一个七层文件柜塔组成,装着"一辆1974年的名爵(MG)小型跑车。这辆捐赠的跑车经过切割、粉碎、拍照、装袋、贴标签、编号后,从重到轻进行归档"。这座高达65英尺的雕塑创下"世界上最高的文件柜"吉尼斯世界纪录。耶茨用来创作雕塑的15个文件柜由

HON公司提供。HON公司成立于1944年，原名Home-O-Nize[1]（大概是关于"家庭和谐"的双关语，但双关得很拙劣，你甚至会想这个双关是不是故意设置的），创办人是工程师马克斯·斯坦利（Max Stanley）和他的妹夫，广告经理克莱姆·汉森（Clem Hanson），以及工业设计师H.伍德·米勒（H. Wood Miller）。起初，他们计划为美国的退伍军人提供工作，Home-O-Nize出售容易生产的产品，例如杯垫和食谱盒。1948年，公司引进了一批文件柜，开始转向办公用品行业。到20世纪50年代初，公司的销售额达到100万美元，如今，HON公司（现为HNI国际集团）成为全球第二大办公家具制造商。

尽管规模庞大，但HNI国际集团在英国并不出名。如果耶茨在英国创作一个类似的雕塑，他很有可能用的是比斯利（Bisley）文件柜。1931年，弗雷迪·布朗（Freddy Brown）创办比斯利公司，以靠近萨里郡沃金镇的比斯利镇命名。起初，弗雷迪专注于汽车修理，但1941年，公司开始为空军生产空投物资的金属容器，为了满足需求，搬到了一个更大的工厂。一旦战争结束，市场对空投物资使用的大型金属容器的需求可能会锐减。幸运的是，一家名为标准办公用品（Standard Office Supplies）的批发商联系到他们，询问是否能转而生产金属废纸箱。随后几年，公司开始着重生产办公用品。1963年，公司取消了汽车修理方面的业务。

---

[1] Home-O-Nize：家——噢——太棒了！看上去像Harmonize，即"和谐"。

1960年，弗雷迪的儿子托尼加入公司。弗雷迪有5个孩子，但只有托尼真正喜欢经商。1970年，弗雷迪退休，托尼接管公司，他用40万英镑买断其他家庭成员的股权。托尼进一步将公司推向办公家具市场。接下来的几年，设计团队（由伯纳德·理查兹带领）开始生产简单的金属文件柜，后来成为公司最著名的产品。滑动机制中的滚珠轴承意味着抽屉能平滑地开合，同时可伸展的金属滑条能实现"100%的延展"。尽管在欧洲，比斯利公司的文件柜销量远超其他文件柜品牌，但它的影响范围仍然不大。多样的色彩让比斯利文件柜隐身于各种办公环境：传统办公室可用柔和的色调，更富挑战性的工作场所则用明亮大胆的色彩。《卫报》设计评论家乔纳森·格兰西（Jonathan Glancey）说，比斯利文件柜"就像吉福斯（Jeeves）和伍斯特（Wooster）[1]时代的英国男管家一样谨慎小心"。

我们今天所用的立式文档系统发展于19世纪90年代，在那之前，收到的邮件在处理过后，经折叠后存放于职员办公桌上方的分类架中。每封信的摘要、接收日期及寄信人的详细信息都会写在折叠的信件外面，然后归档。由于19世纪中期以前的通信水平普遍较低，这种系统当时能够适用。然而，许多事情（工业化发展、电报、铁路和邮政改革）的结合让通

---

[1] 吉福斯和伍斯特均为P. G. 伍德豪斯著名系列小说中的人物。书中的主角是迷迷糊糊的英国绅士伍斯特和他聪明机灵、花样百出的男仆吉福斯。——译者注

信和远程经商更加便捷，成本也更低廉，从而出现更大的企业和官僚政治中的行业协会。复印机和染料使得对外通信的复制更加快捷（不用再手抄信件）。随着对外通信的成本降低，数量便随之增加：分类架储藏系统不够用了。

19世纪后半叶，平面存档发展起来。无须再折叠或摘要信件，储存和检索更加便利。转向平面存档的第一步就是简单装订收到的邮件，但这很快就被文件盒取代。文件盒"由一个盒子构成，盖子像书一样打开，里面有25或26张马尼拉纸。盒子一侧固定着字母选项卡，文件归档在纸张之间"。信件没有固定在文件盒中，重新排列很容易，因此这个系统比之前的归档方法更为灵活。虽然平面文件比先前的分类架系统更方便，但若要处理文件盒底部的文档，仍意味着要把上面所有的其他文档都抬起来。这绝对不能算理想方法。

1877年，詹姆斯·香农（James Shannon）设计出香农文件夹，"一个信纸尺寸的小文件抽屉，活页文件夹般大小，除抽屉外，只有底部和正面"。它没有侧面，"由于文件归档形成拱形，侧面是不必要的"。在香农最初的设计中，拱形金属丝的尖角可刺穿文件，但后来出现了"能根据数字和接收线的位置切出洞眼边缘整齐的钻孔机"（也就是打孔机）。约摸同一时期，基于类似概念的归档系统在德国发展起来。1886年，弗里德里希·索尼肯（Friedrich Soennecken）设计了一款扣眼活页夹和一种打孔机，并获得了专利。十年后，路易斯·莱茨（Louis Leitz）发明了杠杆文件夹装置。

不过，在打孔机发明以前，如果扣眼活页夹和杠杆系统能创收，那么打孔的位置和间距就会有统一标准；如果我的打孔机不适合你的扣眼活页夹，那我们还是放弃吧。ISO 838标准（"用于一般归档的文件－孔眼"）规定了"纸张或文件孔眼的尺寸、间距和位置，以便让它们能在常规文件夹中归档"。根据ISO 838标准，"一般而言，孔眼应匀称分布在纸张或文件的轴线上，垂直于孔眼的轴线"。孔眼中心间距应为80毫米，孔眼的直径应为6毫米，每个孔眼的中心距离纸张的边缘应为12毫米。下载说明ISO 838标准的PDF文件需要26英镑。那26英镑只是告诉你如何使用打孔机而已。还不如用那些钱去买一台能同时给40张纸打孔的高端瑞克835（Rapesco 835）打孔机。

保险起见，还可以增加一些孔（同样是以80毫米的间距），由于A系列纸张大小的关系，一张A3纸可以和A4文件一起归档，只需简单地沿着短边打孔，然后对折。事实上，A7及以上的纸张都可以用同样的系统归档。美国人拒绝使用A系列纸张，自然也就拒绝了ISO 838标准。他们使用的是与世界其他地区皆不相容的三孔系统，远没有那么灵活。干得漂亮，美国。

人们将1898年立式文件柜系统的发明归功于埃德温·C. 塞贝尔斯（Edwin G. Seibels）。塞贝尔斯是塞贝尔斯－埃泽尔公司（Seibels& Ezell）的合伙人，那是他父亲创立的一家南卡罗来纳州保险代理公司。当时仍然通用的分类架系统效率很低，塞贝尔斯十分不满。他觉得，如果将信件平放在大信封里，立起来放在抽屉中，而不是将信封折叠然后做摘要，那样会更快。他联系了当地一家木材加工公司。在他的指导下，木材加工公司制作了五个木柜。可当塞贝尔斯想申请专利时，专利却没法保护这种柜子，他十分沮丧：

> 有人指出，只要简单改变一下大小，就能制造出不侵犯我专利的文件箱。很不幸，我忽视了让信封直立以及用指示卡将信封分类的部分所起的作用。这种装置本应受专利保护。

虽然塞贝尔斯文件柜很接近现代的文件柜，但早在19世纪70年代，就已经有人发明了垂直存放文件的做法。当时，随着杜威十进分类法（Dewey Decimal system）的发展，卡片索引文件法被引入图书馆。1876年，麦尔威·杜威（Melvil Dewey）发明了杜威十进分类法。世界各地的图书馆用户都熟悉这一方法，毫无疑问，他们都有自己偏爱的系统分类数字（我偏爱的是651-办公室服务）。很快，索引卡片目录和杜威十进分类系统一起被用作检索工具；卡片用带标签的分隔卡分类存放在柜子中，用户能轻松找到某本书或某份文件的位置。

索引卡片目录灵活好用，这多亏了18世纪瑞典博物学家卡尔·林奈（Carl Linnaeus）发明的动植物双名命名法系统。发明动植物种类分类结构时，林奈遇到了两个看似矛盾的要求：既要把物种以某种顺序分类，又要能够将新物种纳入该分类中。他的解决办法是用小卡片（大小类似今天用的5英寸×3英寸的索引卡片）。

索引卡片让信息的重新排列变得简单，而且可以随时加入新的信息。这样一来，它们不仅仅对创建目录或整理文件有用，对于任何创新过程都有助益。1967年，弗拉基米尔·纳博科夫接受《巴黎评论》(*Paris Review*)的采访，他在描述自己的工作系统时说："事物的模式超过了事物本身，我将随意选择的任何一个字谜空缺填满。我把这些点滴记录在索引卡片上，直到完成整部小说。我的日程很灵活，但我对工具很挑剔：排列整齐的布里斯托尔卡片（Bristol cards）和削好了的、笔芯不太硬而且带有橡皮的铅笔。"

虽然带标签的分隔卡片为整理一套索引卡片提供了一种简单方法，但旋转式卡片架（Rolodex）发出的呼呼声更让人满意。1950年，布鲁克林的奥斯卡·诺伊施塔特（Oscar Neustadter）发明了旋转式卡片架。诺伊施塔特的西风美国公司（Zephyr American Corporation）之前发明过 Swivodex（一种防溢墨水瓶）和 Clipodex（一种秘书用来别在膝盖上、有助于做笔录的工具），但这些都没有变成成功的商品。诺伊施塔特的自动检索（Autodex）电话簿影响更大（至今仍在出售），但旋转式卡片架是让诺伊施塔特被人们铭记的发明。1988年，诺伊施塔特回忆道："我和我的工程师西道尔·尼尔森（Hildaur Neilson）一起钻研这个想法。他建了一个模型，然后我们开始制作。我知道我的主意很好，但一开始，人们都心怀疑虑。第一个成品看起来像他们至今还在生产的钢铁架。它的封面可以翻动，还有钥匙和锁。嘿嘿。同一把钥匙能打开世界上所有的旋转式卡片架。"

虽然旋转式卡片架适合通过写在小卡片上的业务往来进行快速分类，但它可能不适合用来做更大文件的归档系统（这个主意可能很吸引人，但我认为一个A4大小的旋转式卡片架并不切实际）。文件柜是更好的解决办法。

在同样大小的空间里，立式文件柜能比老式的平面归档系统储存更多东西。1909年，一家文件柜公司打出广告，声称他们的系统效率提升了44%，还能节省三分之一的人力成本。侧面悬挂式文件夹的引入进一步提高了效率，可以将文件收集在纸质吊架中。

但对许多人而言，他们最常用的文件夹和档案夹在电脑里。尽管电子归档在空间上有明显的优势，但也有风险：随着格式的淘汰，长期的储存和检索变得复杂。人们需要将数据从一个媒介转移到另一个媒介，防止数据陷入到一种过时的格式中（我的A级课程保存在一系列3.5英寸的软盘上，即使我买了一个U盘，或者软盘可能损坏无法读取，我也不会扔掉它们）。在关于"长期备份"的文章中，今日永存基金会（Long Now Foundation）的凯文·凯利（Kevin Kelly）将电子文件与纸质文件的寿命进行了比较：

> 纸张本来是一种备份信息的可靠方式。虽然纸张可能被烧毁或者溶在水里，但质量好的中性纸可以保存很长时间，存储成本低而且不受科技发展的影响，因为纸张是"肉眼可见的"。不需要特殊的仪器。制作精良、保存良好的纸张很容易就能存放1000年，没有很多其他问题的话可以存放2000年。

也许，最安全的长期存储系统是简单地将电脑里所有的内容打印出来，然后塞进文件柜里，但是这会占用很多空间。一个十亿字节（1GB）的内容要用大约65000页微软文档显示，而一台很便宜的笔记本电脑通常有至少5000亿字节（500GB）的硬盘——即使双面打印，也要用很多纸，使用效率提升44%的立式归档系统也不能节省太多。在某种情况下，你将需要将它在其他地方存档。

1913年，美国政府颁布新法，要求企业保存用于征税的书面记录。之前，每家公司关于文件留存时间都有自己的政策，但新法使全美国的文件记录保存规范化。在芝加哥，一个叫哈里·L. 范罗士（Harry L. Fellowes）的年轻裁缝在沃尔特·尼克尔（Walter Nickel）商店的隔壁工作。尼克尔出售专为归档书面文件设计的可折叠存储箱。1917年，尼克尔应征入伍，范罗士以50美元（大约相当于现在的920美元）买下了尼克尔的存货。他毫不费劲就卖掉了那些箱子，生意在战后越来越好。退伍后，尼克尔重新加入范罗士的公司，两人扩展了产品范围，引进了听起来有点爱国意味的自由盒子（Liberty Box），还有银行家盒子（Bankers Box）。如今，世界各地的办公室里依然常见那种深色木纹图案的范罗士 R-Kive 盒（Fellowes R-Kive box）。然而，尽管全世界一百多家公司都销售这些盒子，有些人对它们并不满意。

乔恩·容森（Jon Ronson）2008年制作的纪录片《斯坦利·库布里克[1]的盒子》（*Stanley Kubrick's Boxes*）探索了库布里克档案室中几千个盒子里的内容。一个大仓库里，站满了一排排的架子，架子上放着成百上千个木纹图案的 R-Kive 盒子，里面装着库布里克拍摄电影用的位置照片和研究素材（库布里克是一位狂热的文具收集者，经常去当地的莱曼文具店添置文具，所以有些盒子标签上只写着"绿色笔记本"或"黄色索引卡片"）。然而，库布里克明显对盖子越来越不满：盖子太紧了。库布里克的助手托尼·弗雷温（Tony Frewin）联系了米尔顿·凯恩斯盒子生产厂家 G. 莱德公司（G. Ryder & Co.

---

[1] 美国著名导演，代表作《发条橙》。

Ltd），指定他认为适合储存盒的内部尺寸。在给公司的备忘录中，他写道，盖子"不能太紧也不能太松，要刚刚好"。莱德生产的盒子如下：

文件编号：R.278

类型：黄铜丝装订盒，带有三角形抓手的全翻盖（盒盖）。

成分：1900微米（0.080英尺）双面牛皮纸盒用纸板。

尺寸（内部）：$16\frac{1}{4} \times 11 \times 3\frac{3}{4}$ 英寸（R.278）。

在一次运送盒子的过程中，托尼发现了一张内部备忘录，是 G. 莱德公司的员工无意落在一个盒子里的："挑剔的顾客——确保盖子能恰当地滑开。"托尼告诉容森："是的，我猜我们的确是挑剔的顾客，与那些不介意折腾一下午想要打开一个盖子的顾客截然相反。"

所有东西都安全地放进档案盒后，给盒子贴上分类明确的标签很重要，以便日后检索内容。1935年，雷·斯坦顿·艾利（Ray Stanton Avery）用一个旧洗衣机的发动机、从缝纫机和电动手锯上拆下的一些零件，制作了一台生产自粘标签的机器。他的未婚妻多罗茜·德菲（Dorothy Durfee）是一名教师，她投入了100美元，帮助艾利创建了克拉姆清洁剂产品公司（Klum Kleen Products company）（他很明智地在第二年把名字改成了艾利黏合剂公司）。产品很快热卖，到1997年雷去世时，艾利丹尼森公司（Avery Dennison Corporation）的年销售额已达32亿美元。

用一个简单的日戳，可以让归档和检索按时间顺序存储的文件更加简单。几年前我去纽约，走进第二大道上的"巴顿的绝妙文具店"（Barton's Fabulous Stationers）。"绝妙文具店"这个名字表明外面会有遮阳篷，我在商店周围闲逛时确实没失望。它的很多方面都让我想起伍斯特公园里的佛乐斯，我在那里买了我的贝洛斯1377–旋转式桌面收纳盒。跟佛乐斯一样，这个商店也分为两部分，一半卖礼物和玩具，另一半卖文具。而且和佛乐斯一样，尽管货架上的一些存货已经摆放了好几年，这个商店依然在营业。泛黄的笔记本和折叠的点阵打印纸（"带有整齐的边缘"）塞满货架。我买了一个卓达4010日戳（Trodat 4010 date stamp）。

我一直很喜欢日戳，也许是因为我在图书馆工作了很多年。每天早上，我们都会把日戳上的日期增加一天。用于标准借书的印章可能会夹在条形码扫描器的磁头上，还有相应的字母和数字托盘，这可能是我最近距离接触到的传统活版印刷。其他物品（CD或者视频文件——我在DVD流行之前就离开了）会用到拨号章。这些也是卓达印章，但不是机械化自动上墨4010印章。地方议会的财政预算只允许使用更便宜的手工印章。

卓达印章180度运动，从与印泥接触到与纸接触，印下上面的信息然后从反方向重复运动，印章头优雅地旋转，只有让动作慢下来，近距离观察，以非常规的方式用它，才能欣赏到这一场景。你从桌角拿起印章给发票盖戳的时候，它发出令人愉悦的撞击声，但你并未细想。然而它应得到更多的尊重。这是一种美。

说了这么多，其实我根本没用过在巴顿的绝妙文具店买的卓达4010印章。但没办法，我买它的时候，注意到盒子有一点破损，里面的印章还是完好无损的。直到我返回伦敦，仔细查看，才发现它一定在货架上摆放了很久。印章的日期范围从1986年1月1日到1997年12月31日。我不确定卓达会将它们的日戳提前多久，但可以肯定，不会将日期推后。那个卓达印章一定是从20世纪80年代后期就待在纽约那个货架上了，而且之后的15年里都没有使用过。

我觉得日期还是可以更换的，但我不会去换。

第十四章
文具不死

文具发展史就是人类文明史，这么说不算过分。两者的区别在于用沥青把木头黏在燧石上做手柄、形成一个简单的矛和百特胶棒胶水之间；存在于用来制作最早期岩画的颜料和圆珠笔墨水之间；存在于埃及莎草纸和A4纸之间；存在于在蜡板上写字的铁笔和铅笔之间。为了思考，为了创造，我们需要用笔记下东西，组织我们的思想。为了做那些事情，我们需要文具。

或者是——为了做那些事情，我们曾经需要文具。可现在呢？现在我们有电脑、因特网、电子邮件、智能手机和平板电脑。我们记录自己思想和想法的能力不再包括手写。我们可以在坐公交车时用手机打出快速便签，回到家打开笔记本电脑时就可同步查看便签。任何信息都可以在云端同步、索引、储存，并在无数的设备上即时检索出来，同时还有我们在旁边标记的东西。我们不会再翻箱倒柜只为了找到潦草记下一些东西的小纸片。不会再有潦草难辨的字迹、笔墨用尽、铅笔折断或者墨水污迹。只有一个流畅、无缝、高效的未来。

圆珠笔的前途如何？几年后，文具会否会消亡？似乎不可能。文具历史悠久，不会轻易消失。它只需重新调整，重新定义自己的用途。作家兼技术专家凯文·凯利（Kevin Kelly）曾称"技术的物种"是永生的；即使是看似灭绝的技术，在其他地方仍保持生机——不是与其他形式结合、改造成玩具或玩物，就是被业余爱好者和狂热人士保留下来。凯利写道：

> 技术不会消亡，几乎没有例外。时间一长，生物物种难免消亡，但技术在这方面与生物物种不同。技术建立在想法的基础之上，文化就是它们的记忆。如果被遗忘，它们可以被人复活并被记录下来（用越来越先进的方法），那样它们就不会被忽视。技术是永恒的。

电灯泡发明后，人们不再需要用蜡烛照明，但蜡烛并未消失——只是换了用途。它从技术转向艺术，如今，我们视之为浪漫之物而非可怕的火灾隐患。与CD或MP3相比，黑胶唱片容易破裂的缺点变成了温暖和魅力。想想拿着一本书、一叠纸、墨水和胶水的亲身体验与相应的电子书之间的区别（顺便说一句，嗨！若你正在Kindle上读这些内容，你可不知道你错过了什么）。文具的缺陷——例如墨水可能留下污迹，笔记本上的纸容易撕坏——也是文具魅力的一部分。不像电脑上的文件，按个按钮便可不断复制分享，手写信件是独一无二的私人物品。即便只是在便利贴上写下一串电话号码，也是接触实物。实物很有意义。人们喜欢。

尽管我们正在步入数字时代，人们仍觉得实物可靠。软件设计师已使用拟物化设计——以另一种材料或形式复制一种物体的实体特征——很久了，用户能立刻明白如何操作新界面。视觉隐喻,例如放大镜代表"查找"或者螺母和螺栓表示"设置"都很容易理解。因为它们与我们真实世界的经历有联系,所以我们能理解。N. 凯瑟琳·海尔斯(N. Katherine Hayles)在她的《我们如何成为后人类》(*How We Became Posthuman*)一书中将同形物描述成"临界设备,让一个概念集群到另一个概念集群之间的转换更加顺畅"。"桌面"这个词和它被人从传统办公空间复制到电脑屏幕是一个经典案例。1983年,苹果及其 Lisa 电脑系统提出了这个概念。在它发布之前,格雷格·威廉斯(Gregg Williams)为《比特》(*Byte*)杂志预测新电脑系统时,引用了一位电脑工程师的话,"电脑要处理文字、归档、收发电子邮件,要做所有事情"。之前,文档的建立、分发和存储都有不同的程序,每一个都有自己的基础设备(打字机、橙色的"仅供内部使用"信封、文件柜),但现在一个灰色的小盒子就能完成所有事情。

威廉斯这样描述桌面隐喻的价值以及它用"文件夹和报告之类可识别物体"来让用户确信他们的数据是安全的:

> 它似乎在告诉你:"毕竟,电脑文件可能神秘消失,但文件夹、报告和工具不会。如果文件消失,还有符合逻辑的解释——你把它清理或者放到其他地方了。在两种可能中,情况仍然是可以掌控的。"

好吧，无论如何，通常是在你掌控下的。

除了桌面的隐喻，文具在拟物化设计之外也做得很好：回形针用来给电子邮件添加附件；信封用来表示有新信息；在图像处理软件 Photoshop 中会用到钢笔、笔刷、铅笔和橡皮；图钉在博客系统（Wordpress）中表示帖子；钢笔表示"写新邮件"；剪贴板和剪刀表示剪切和粘贴；记笔记的应用设计成像黄色拍纸本的样子；荧光笔和便利贴。不胜枚举。

当然，并不是只有给电子邮件添加附件的时候才用到电子回形针。微软 Office97 中第一次出现了"大眼夹"（Clippy）这个活泼的形象，当用户在微软 Office 上写信的时候，它就会跳出来说"看起来你在写信"，这让数百万人非常恼火，Office 2007 移除了这个形象。Office 有好几个助手形象（包括一个男管家、一个机器人和一个巫师），但"大眼夹"是系统默认形象，也是在用户中引起最强烈反响的一个。这个形象由住在华盛顿贝尔维尤的插画家凯万·艾特贝里（Kevan Atteberry）设计。起初，Office 助手表中有 20 位艺术家设计的助手形象，约 260 个，经过广泛的用户测试后，最后减至十个。艾特贝里设计了这十个中的两个，"大眼夹"是最受喜爱的。

"大眼夹"明显是以回形针设计为基础，但比例稍有改动，为眼睛留下空间（金属丝的两个末端与普通回形针相比非常短）。艾特贝里认为，这是"最形象的回形针"，所以用了这个设计。通过使用回形针，他不仅反映了它的形象身份，还强化了它的形象。形象设计没有留下很多赋予"大眼夹"人格的空间，所以用眼睛和眉毛来表达情感（艾特贝里解释说这是"传达情感非常有力的元素"）。起初，艾特贝里并不知道"大眼夹"多出名，很大一部分原因在于，他用的是苹果 Mac 机。但当他拜访客户和朋友，看见他们用 Word 的时候，他意识到"大眼夹"非常出名。有名但非所有人都喜欢。艾特贝里说："有人爱它，有人恨它，非爱即恨。恨它的人发现我是设计者时，会向我道歉——但他们还是恨它。"

这些视觉隐喻甚至能让某些过时的习惯以数字化的形式重生，让过时的形式延续下去——20世纪70年代，拉里·泰斯勒（Larry Tesler）及其团队在施乐公司帕洛阿尔托研究中心（Xerox Corporation Palo Alto Research Center）创造了"剪切和粘贴"这种说法，我们现在仍在使用，尽管在现实办公生活中，从一页纸上剪下一段文字贴到另一张纸上的做法已经不复存在。类似的还有用一个老式电话听筒来表现智能手机中"打电话"的功能。

在史蒂夫·乔布斯的领导下，苹果公司的设计在很大程度上依赖拟物化设计（互联网日历 iCal 的皮革针脚设计显然源自湾流喷气式飞机内部）。然而，随着乔纳森·伊夫（Jonathan Ive）取代史蒂夫·福斯托（Steve Forstall）成为苹果人性化界面团队的领导，为了 2013 年 IOS 7 系统的发布，对真实世界设计元素的依赖有所缩减。微软的美俏（Metro）设计语言用于 Windows 8 视窗操作系统和 Window Phone 手机操作系统，这一设计语言似乎有意与苹果过度使用的拟物化设计区分开来，转而致力于排版和干净、扁平的设计，这些才是"真正数字化的"。

我们平板电脑和智能手机上的拟物元素逐渐被更简单更扁平的设计取代，这其实致使我们更欣赏实物（真正的实物，不是披着皮革纹理的数码）。没有了拟物元素的支撑，在笔记本上书写和在平板电脑上输入的区别将更加明显。两者各有长处，但它们是为不同目的采取的不同行动。互不牵制，皆能繁荣。

所以，当人工智能打败人类智力的时候，那些急于宣告书写灭亡的人，或是期待技术取代传统书写的高科技拥趸，都不应兴奋过头。文具不会灭亡。文具产生于文明之初，不会在互联网之类勇敢的暴发户面前不战而败。而且，钢笔不会因为你进入隧道就突然写不出字来；没有人会因为铅笔没电而需要借充电器；在鼹鼠皮笔记本上写字，永远无须担心信号不好或本子会在你保存内容之前不慎摔碎。

钢笔未亡。钢笔永生。